# 深埋地下洞室通风与环境控制研究及设计

毛艳民　景来红　谢遵党　杨顺群　王龙阁　著

U0253517

黄河水利出版社
·郑　州·

**图书在版编目(CIP)数据**

深埋地下洞室通风与环境控制研究及设计／毛艳民
等著. -- 郑州：黄河水利出版社，2024．6 -- ISBN
978-7-5509-3913-4

Ⅰ.TU929

中国国家版本馆 CIP 数据核字第 2024U878V4 号

组稿编辑：王志宽　电话:0371-66024331　E-mail:278773941@qq.com

| | |
|---|---|
| 责任编辑　乔韵青 | 责任校对　杨秀英 |
| 封面设计　黄瑞宁 | 责任监制　常红昕 |

出版发行　黄河水利出版社

地址:河南省郑州市顺河路 49 号　邮政编码:450003

网址:www.yrcp.com　E-mail:hhslcbs@126.com

发行部电话:0371-66020550

承印单位　河南新华印刷集团有限公司

开　　本　787 mm×1 092 mm　1/16

印　　张　15

字　　数　356 千字

版次印次　2024 年 6 月第 1 版　　　2024 年 6 月第 1 次印刷

定　　价　98.00 元

# 前　言

　　近年来,随着社会的发展,国家大力发展地下空间项目,很多地下空间仅仅依靠通风已很难解决其所需要的温度、湿度、洁净度等要求。特别是地下科学实验室、地下厂房等经常有人活动的区域、高级的精密仪器、科研设备等,往往对空气的温度、湿度、洁净度、舒适度以及氡浓度有比较高的要求,这就要求工程技术人员在这方面进行更多的探索和研究。

　　地下建筑按埋设深度可分为深埋和浅埋,这里所指的深埋和浅埋界限是从传热角度来划分的。严格地说,应将达到等温层的部位作为划分深埋和浅埋的界限,但一般工程初步估算可定位 6~7 m。本书中所叙述的地下空间主要指的是深埋地下空间。

　　本书结合实际工程案例,详细论述了中国科学院江门中微子实验站配套基建工程深埋地下超大空间实验室(简称江门中微子实验室)的通风与恒温洁净环境控制的理论研究与工程设计。江门中微子实验是在大亚湾中微子实验的基础上,以液体闪烁探测器技术和反应堆中微子物理为主线,测量中微子的质量顺序。这是高能物理发展的重大部署,是目前国际竞争的最前沿,具有重大的科学意义,将为实现科技强国战略作出重要贡献。

　　江门中微子实验室为深埋大型地下空间,其最大埋深约 700 m,可以通过斜井或竖井从室外地面到达实验厅。实验厅地面 -430.50 m 高程以上净尺寸为 56.25 m×49 m×27 m(长×宽×高),其中实验厅的跨度超过了国内已建地下洞室,为目前国内最大跨度拱顶结构。从实验厅地面向下开挖的中心探测器水池内径 43.5 m、最大深度 44.0 m。围绕实验厅的附属洞室包括水净化室、液闪存储与处理间、液闪灌装间、电子学间、地下动力中心、避难室、空调机室、干式厕所等。

　　中微子实验要求环境维持在 (21±1) ℃、相对湿度小于 70%,洁净度达到 10 万级;而实验厅周围花岗岩石温度约为 33 ℃,附近地下水丰富,周围温泉较多,岩壁的散湿量较大。闷热潮湿环境与中微子实验要求的严苛环境形成了鲜明对比,室内空气与周围岩壁之间存在着复杂的热、湿交换。

　　按照施工顺序,项目研究团队分别建立了土建施工期、设备安装期和实验运行期动态负荷特征的数学模型,对实验厅内 (21±1) ℃ 空气与周围约 33 ℃ 花岗岩壁之间复杂的热、湿交换进行了深入分析与研究。通过建模及数值求解方法,得出在不同空气初始温度及空调制冷量作用下,大厅内空气温度及岩体表面温度的变化情况。提出将室外供冷量看作室内空气"负的内热源"这一概念,将室内温度的变化过程看作零维过程,采用集总参数法对空气温变过程进行求解。采用有限元软件 COMSOL Multiphysics 建模并进行数值求解。根据深层地下大科学装置的安装要求和动态负荷预测方法,确定了合理的制冷系统设备容量。

　　为确保深埋地下超大空间实验厅内 (21±1) ℃ 的精度温度场、10 万级洁净度要求,对实验厅多种空调气流组织形式进行了 CFD 模拟研究,以找到最佳的气流组织形式。通过比选,创新采用了"精准送风、湿氡分除"的非单向流、分层空调气流组织形式。

由温差驱动的自然通风在地下建筑中广泛存在。深埋实验厅及附属洞室土建施工期间,通风空调系统尚未安装投入使用,施工环境存在作业面闷热潮湿、空气质量较差的问题,严重影响施工人员的身心健康。项目研究团队对深埋大型复杂洞群热压通风进行了分析研究;对一维通风网络模型 LOOPVENT 进行了完善,提出通过多段"线性温度分布模型"来描述长直隧道中温度沿长度方向的分布规律,利用 LOOPVENT 计算了多区域地下建筑的热压分布的多态性。采用 3DE FMK 仿真软件对深埋大型复杂洞群施工期环境温度与热压通风的关系进行了仿真计算,提出了施工期地下交通廊道、实验厅等场所辅助通风方案,确定了施工期地下交通廊道、实验厅的气流组织形式,改善了施工人员闷热潮湿的施工环境。

制冷机房位于斜井地面出口附近,与深埋地下实验厅距离长约 1 500 m,相对高差约500 m,空调水系统静水压力太大。考虑到空调系统末端设备的承压能力有限,必须对空调水系统进行降压处理。通过对水系统竖向分区和设置减压阀这两种减压方式的对比分析,采用了"竖向分区、一次换热、温差控制"将空调冷水送入深埋地下洞室新方法。在世界建筑楼宇暖通空调行业中,首次应用全球设计压力/承压最高的半焊型水-水板式换热器,其设计工作压力为 4.1 MPa,成功解决了 500 m 级高差的地下工程冷源输送和系统承压难题。

面对复杂热湿条件下深埋地下超大空间的高标准环境要求,本书对上述内容进行了较为详细的分析介绍,在研究设计中采用了很多新技术、新方法,并在实际工程中得到了很好的应用。研究成果满足了中微子实验这一世界最新创新研究平台对环境温湿度、洁净度的严苛要求,为中微子实验在国际竞争中抢得先机创造了条件,将产生巨大的综合经济效益和社会效益,对今后类似的深埋地下大空间工程恒温洁净环境控制具有较高的参考价值。

本书由毛艳民、景来红、谢遵党、杨顺群、王龙阁共同撰写,毛艳民负责全书统稿工作。具体分工为:第 1 章、第 3 章、第 6~10 章和第 12 章由毛艳民撰写;第 2 章、第 5 章由景来红撰写;第 11 章由谢遵党撰写;第 4 章由杨顺群撰写;第 13 章由王龙阁撰写。同济大学张旭教授科研团队为本项目的研究工作提供了大力支持,在此谨致谢意!

由于作者水平有限,文中疏漏之处在所难免,敬请读者指正。

作　者

2024 年 5 月

# 目　录

# 第1章　项目概况与研究内容

# 1.1 项目概况

## 1.1.1 研究背景

构成物质世界的最基本粒子有 12 种,包括 6 种夸克、3 种带电轻子和 3 种中微子。它们的基本性质和相互作用由粒子物理的"标准模型"所描述。自 20 世纪 50 年代起,与标准模型相关的工作获得了 17 次诺贝尔奖。但标准模型仍存在两个突出问题,一个是希格斯粒子的寻找与确认,另一个是大量与中微子有关的谜团。

从 2007 年底开始建设至 2011 年底全部交付使用的中国科学院高能物理研究所大亚湾中微子实验站发现了新的中微子振荡模式,打开了理解反物质消失之谜的大门,在这一世界前沿热点领域取得重大成果,大大提升了我国在国际粒子物理研究领域的影响力。大亚湾中微子实验凭借其对我国粒子物理的巨大贡献荣获 2016 年度国家自然科学奖一等奖。

为保持和发扬我国在中微子研究领域的国际领先地位,进一步扩大成果,"推动重大科学发现,抢占未来科技竞争制高点",我国的物理学家们提出了在广东江门开展一个新的中微子实验,也称作中微子二期,是高能物理发展的重大部署。

江门中微子实验 JUNO(Jiangmen Underground Neutrino Observatory)有丰富的物理内容,具有重大的科学意义。这个实验将在大亚湾中微子实验的基础上,以液体闪烁探测器技术和反应堆中微子物理为主线,测量中微子的质量顺序。实验可以精确测量中微子 6 个振荡参数中的 4 个,并达到好于 1% 的国际最高水平,使检验中微子混合矩阵的幺正性、发现新物理成为可能。它也可以研究超新星中微子、地球中微子、惰性中微子等,不仅能对理解微观的粒子物理规律作出重大贡献,也将对宇宙学、天体物理乃至地球物理作出重大贡献。这是目前国际竞争的最前沿,具有重大的科学意义,将为实现科技强国战略做出重要贡献。

## 1.1.2 项目总体介绍

江门中微子实验站配套基建工程位于广东省江门市西南开平市金鸡镇与赤水镇交界处打石山一带,距台山核电站和阳江核电站均约为 53 km。

项目新建地下实验室洞室群和地面附属建筑物,总建筑面积 13 498 $m^2$,其中地下实验室洞室群 5 521 $m^2$,地面附属建筑物 7 977 $m^2$。

地下建筑主要为斜井、竖井、实验厅及附属洞室。

实验厅最大埋深约 700 m,实验厅上部山顶高程 268.80 m,底板平台高程 -430.50 m,为深埋大型地下洞室。实验厅 -430.50 m 高程以上净尺寸为 56.25 m×49 m×27 m(长×宽×高)。实验厅内探测器水池内径 43.5 m,水池最大深度 44.0 m。其中实验厅的跨度超过了国内已建地下洞室,为目前国内最大跨度拱顶结构。

实验大厅、斜井及竖井相对位置如图 1-1 所示。

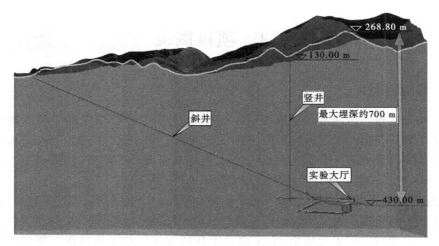

**图 1-1　实验大厅、斜井及竖井相对位置图**

斜井入口位于胜和村东北方向 400 m 的一个宽缓的沟谷内,入口高程为 64.27 m,末端高程-430.00 m,斜长 1 340.6 m,坡度 $i=0.424\ 9$,斜井断面为城门洞形。斜井末端为斜井平段,平段长度 153.30 m,通往实验厅边墙侧。

竖井位于东坑石场沟谷内,入口高程 130.00 m,竖井深 580.30 m,净直径 5.5 m。竖井高程-418.7 m 处接竖井平段,平段坡度 $i=0.3\%$,斜长 230 m,接实验厅侧墙,平段为城门洞形。

围绕实验厅,外侧布置有一层交通排水廊道,减少外水压力对实验厅的影响。该交通排水廊道长 334 m,连接斜井平段、竖井平段及安装间(实验厅外侧)等。

附属洞室还包括:水净化室、液闪存储处理间、液闪灌装间、电子学间存储间、电子学间、地下动力中心、避难室、空调机室、干式厕所等。

实验厅及附属洞室三维图见图 1-2。

## 1.1.3　环境控制要求

中微子实验对环境有较为严苛的要求和规定:

(1)实验厅、液闪处理间温度要求控制在(21±1)℃,相对湿度小于 70%,洁净度要达到 10 万级,新风换气按 6 次/d 考虑,同时满足安装期 50 名工作人员的通风要求。

(2)在长达 2 年多的实验厅水池内中心探测器有机玻璃球安装期间(安装期间水池内无水),有机玻璃球加热拼接以及退火时,为防止有机玻璃球热胀冷缩,周围温度需控制在(21±1)℃,洁净度要求达到 10 万级,局部 1 000 级。安装初期,支撑球形探测器的钢架安装期间(温度可以在 24~25 ℃,保证人能正常工作),可以用这 3 个月时间逐步来降温,使大厅的温度降到 21 ℃。

(3)中微子实验运行期间,为保持实验厅中心探测器水池内高纯净水的洁净度以及水温维持在 20 ℃ 左右的要求,水池内的纯净水时刻保持循环状态,通过循环水泵将水池内的水输送到水净化室进行净化过滤,同时将水池内电子倍增管产生的热量带走降温,循环水量为 100 m³/h,基本上水池内纯净水 20 d 循环一次。

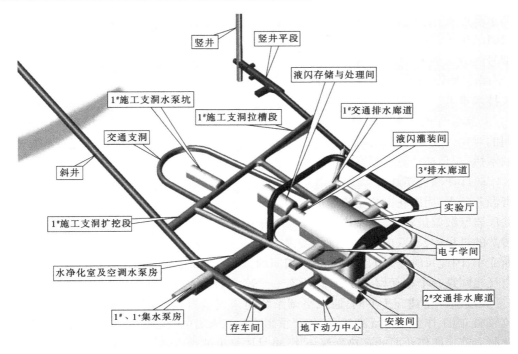

竖井　竖井平段
液闪存储与处理间
1#施工支洞水泵坑
1#施工支洞拉槽段
交通支洞
斜井
1#施工支洞扩挖段
水净化室及空调水泵房
1#、1#集水泵房
存车间　地下动力中心
1#交通排水廊道
液闪灌装间
3#排水廊道
实验厅
电子学间
2#交通排水廊道
安装间

**图 1-2　实验厅及附属洞室三维图**

（4）中微子实验运行期间，附属洞室环境温度控制在 22～24 ℃，湿度控制在 70% 以下，并满足 6 次/d 的换气交换。

## 1.2　技术特点和难点

（1）实验厅埋深约 700 m，周围花岗岩石温度约为 33 ℃，室内温度要求控制在（21±1）℃，两者温差较大，周围花岗岩壁不断向室内传热；实验厅附近地下水丰富，周围温泉较多，岩壁散湿量较大，而室内相对湿度要求控制在 70% 以下。

深埋地下实验厅地面 -430.50 m 高程以上净尺寸为 56.25 m×49 m×27 m（长×宽×高），其跨度超过了国内已建地下洞室，为目前国内最大跨度拱顶结构，下方探测器水池深度达 44.0 m，又与多洞室或交通隧道连通，此类特征都对室内的气流组织提出了挑战。实验厅周围岩壁不断地向实验厅传热、散湿并析出氡气，如此大的地下空间，如何保证实验厅室温控制在（21±1）℃的精度、10 万级洁净度要求，同时排除湿气、氡气，选择什么形式的通风空调气流组织方案是控制深埋超大空间 ±1 ℃ 精度环境要求的关键技术难点。

（2）制冷机房位于斜井地面出口附近，与深埋地下实验厅距离长约 1 500 m，相对高差约 500 m，相当于约 170 层超高层建筑的高度，空调水系统静水压力太大。考虑到空调系统末端设备的承压能力，冷水机组不能直接将空调冷水连接到地下空调机组，中间必须进行降压处理。采用什么方式对空调水系统进行减压？减压后的空调水温度还必须满足实验厅（21±1）℃的要求：如果末端空调水温度太高，则需要空调机组采用小温差大风量的处理方式，相应带来的是空调风管尺寸加大、增加投资、施工安装困难等问题；如果末端空调水温度低,则需要降低冷水机组的出水温度以及考虑长距离供水的温升问题,降低冷水机组的出水温度意味着制冷系数 COP 值下降,能耗增加、制冷能力下降,则需要选择更大型号的冷水机组,才能满足地下实验室的空调冷负荷的需要。空调冷水系统的降压处理、空调冷水温升控制以及长距离输送等问题都比较复杂,是空调水系统设计中面临的另一大技术难点。

(3)实验厅的闷热潮湿环境与中微子实验所要求的(21±1)℃恒温洁净环境形成了鲜明的对比。实验厅与周围岩壁之间存在着复杂的热、湿交换,热、湿地区复杂的深埋地下洞室热、湿负荷计算分析与研究是项目首先要解决的重点、难点。

实验厅埋深约 700 m,周围花岗岩石温度约 33 ℃,室内温度要求控制在(21±1)℃,两者温差较大,周围花岗岩壁不断向室内传热。实验厅附近地下水丰富,周围温泉较多,实验厅岩壁散湿量较大,而室内相对湿度要求控制在 70% 以下。在实验厅岩壁向室内传热传湿的过程中,岩壁内表面温度会慢慢下降,岩壁表面与室内空气之间的换热系数也在不断变小,因此每时每刻的换热量是不相同的,计算非常复杂,实验厅周围岩壁与实验厅内空气之间是一个相互耦合的过程,没有一个确定的公式可以计算。

(4)实验厅土建施工期间,通风空调系统尚未安装投入使用,由于深埋大,自然通风对流较弱,施工作业面环境高热高湿,严重影响施工人员的身心健康。如何改善深埋地下复杂洞室施工期作业面的高热高湿环境,也是要解决的难点之一。

(5)中心探测器是江门中微子实验项目的核心装置。中心探测器整体形状为球形,由不锈钢网壳、有机玻璃球和 PMT 组成,其中有机玻璃球内径 35.4 m,厚 120 mm,由一片片长约 12 m 的有机玻璃黏接而成。整个探测器安装期间的主要热源为有机玻璃安装过程中的加热黏接退火工序,要求周围环境温度控制在(21±1)℃范围内,一旦环境温度发生变化,有机玻璃球将发生热胀冷缩,由于是刚性连接,有机玻璃球将破碎,产生不可逆转的损失,因此需要采取一些特殊的通风手段将热量排除。中心探测器有机玻璃球现场制作期间的精细化特殊通风气流组织形式,是保证中心探测器安装成功的有效手段,也是环境控制的一大技术难点。

如何控制深埋地下超大空间实验厅恒温洁净环境是面临的重要的工程技术课题。

# 1.3　研究内容

## 1.3.1　深埋地下洞室热、湿负荷

根据工程施工安装进度安排,深埋地下洞室开挖完成后,将进入实验设备安装调试阶段。为保证安装作业人员有一个相对舒适的工作环境,地下通风空调系统需要投入运行,首先要求将洞室的空气温度由初始的 32 ℃ 左右降至 24~25 ℃,之后在中心探测器的支撑钢架安装期 3 个月时间内逐步稳定大厅的温度至 21 ℃。在室内空气温度逐渐降至 21 ℃ 的过程中,随着室内空气温度的不断下降,实验厅周围岩壁的表面温度也由最初的 33 ℃ 不断降低,与实验厅的热、湿交换参数不断发生变化,由于两者逐渐耦合,这个数值是一个变量,且逐步变小。

　　基于以上情况,深埋实验厅与周围岩壁之间存在着复杂的热、湿交换。热、湿地区复杂的深埋地下洞室热、湿负荷计算分析研究是其恒温洁净环境控制关键技术中首先要分析研究的内容。

　　按照施工顺序,项目研究团队分别建立了土建施工期、设备安装期和实验运行期动态负荷特征的数学模型,对实验厅(21±1) ℃与周围约 33 ℃花岗岩壁之间复杂的热、湿交换进行了深入的分析与研究。

　　主要研究内容如下:

　　(1)启动负荷与降温时间关系的理论计算。在施工安装调试阶段以及正常运行阶段,由于热源与环境参数要求不一样,这两者负荷有明显的差别。施工安装阶段负荷主要是动态负荷,把自然温度降低到受控温度,而在实验运行阶段,除岩壁传热负荷外,以系统运行负荷为主。

　　首先,进行理论分析。为简化计算,假设室内温度场均匀,提出将室外供冷量看作室内空气"负的内热源"这一概念,故可将室内温度的变化过程看作零维过程,采用集总参数法对空气温变过程进行求解。室内空气温度与围护结构内表面温度之间存在某种耦合关系,建立了求解围护结构导热方程和洞室空气热平衡方程。

　　其次,采用数值求解的方法。根据地下实验大厅的相关图纸,采用有限元软件 COMSOL Multiphysics 建模并求解,计算模型如图 1-3 所示。

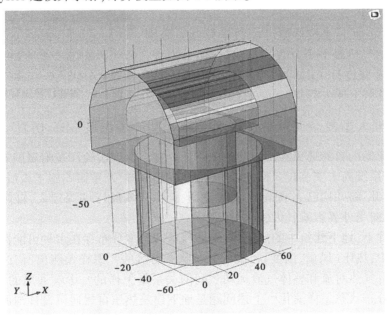

**图 1-3　实验大厅物理模型** （单位:m）

　　计算分为两个阶段:

　　①空气温变过程。将空调制冷量及灯光、人员等各内热源散热量折合为空气中的均质单位体积热源,空气温度变化过程与岩体传热过程相互耦合,直至空气温度降至 21 ℃。

　　②空气恒温过程。空气温度降至 21 ℃后,温度维持恒定,岩体传热的边界条件变为第三类边界条件,并在前一阶段岩土温度分布结果基础上继续计算,两个阶段总计算时间

为 1 440 h(2 个月)。

(2)空调通风系统负荷计算。实验厅及附属洞室空调冷负荷计算主要包括围护结构的传热负荷(这与实验厅周围岩石温度有关)、新风负荷、设备散热负荷、照明负荷、人体散热负荷、潜热负荷、壁面散湿及沿程输送冷量损失计算等。对以上空调冷负荷分别进行计算。

其中,围护结构的传热负荷分为两步进行:

第一步,进行实验厅上部围护结构传热负荷理论计算。

深埋地下建筑围护结构传热问题是个半无限大物体的瞬态导热问题,将城门洞形的地下建筑进行模型简化,简化成无限厚的圆筒壁传热,这就成为一维导热问题。围护结构动态传热经过长时间达到一个相对稳态,这时成为稳态传热问题。

第二步,进行实验厅上部围护结构传热负荷仿真模拟计算。

首先,建立地下实验厅上部热湿环境物理模型。对于一个地下房间而言,它的热湿变化过程主要包括 3 个方面:围护结构的热传递过程、人员与灯光等内扰的热湿传递过程、空调设备投入的冷量和除湿量,如图 1-4 所示。

其次,建立地下建筑热湿环境数学模型。分别建立了室内空气热湿平衡方程、岩体导热微分方程,对上述数学模型进行了时间和空间上的离散,利用 Matlab 编程求解上述方程组。

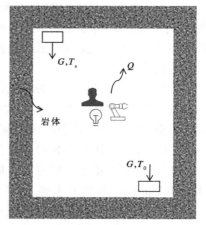

注:图中 $G$ 为房间送风量($m^3/s$),$T_s$ 为送风温度;$T_0$ 为室内温度(℃),$Q$ 为室内各热源总散热量(W)。

**图 1-4　实验厅热湿环境物理模型**

### 1.3.2　深埋大型复杂洞群热压通风与施工期环境温度 3DE 仿真

由温差驱动的自然通风在地下建筑中广泛存在。深埋实验厅及附属洞室土建施工期间,通风空调系统尚未安装投入使用,施工环境高热高湿,严重影响施工人员的身心健康。此时,虽然竖井、斜井均已完成施工,且已连通,但由于实验厅埋深较大,自然对流通风较弱,且风的流向受外界影响较大,难以保证。

同一条件下,地下建筑中的热压、自然通风量和温度分布存在多种可能性。复杂的地下建筑网络中,热压(风量、温度)可能的分布状态有哪些?怎样预测出所有的可能状态?局部区域的空气热对流和整体气流运动之间的关系是怎样的?影响通风的条件改变时,热压及流动分布状态怎样演化?上述问题是地下建筑热压自然通风设计与调控的基本问题,对地下建筑的室内热环境与安全影响重大。

深埋大型复杂洞群热压通风主要研究内容如下:

(1)分析自然通风多解性形成条件;

(2)对一维通风网络模型 LOOPVENT 的完善并利用 LOOPVENT 计算多区域地下建筑的热压分布的多态性。

对该热压多态性的研究,有利于了解该现象的发生机制,并对热压的多态性进行判定,为安全高效地利用地下建筑的热压通风提供理论依据,避免不利的通风状态,诱导有利的通风状态,改善施工作业面的高热高湿环境。深埋地下实验厅可能出现的热压通风如图 1-5 所示。

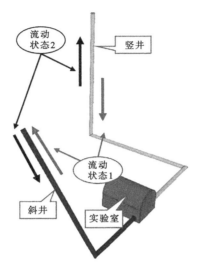

**图 1-5　深埋地下实验厅可能出现的热压通风**

针对施工期间存在的作业面闷热、潮湿问题,采用 3DE FMK 仿真软件对深埋大型复杂洞群环境温度与热压通风的关系进行仿真模拟研究。以施工期包括实验厅在内的大型复杂洞群为研究对象,建立了数学仿真模型,分析不同工况下洞群内的流场及温度场分布情况。分析内容包括:

(1)研究 2 m/s 流速下实验厅内流场及温度场的分布情况;

(2)增加均匀分布的体热源,研究热源对实验厅内流场及温度场的影响;

(3)以风机参数为基础,研究不同的风机布置形式对流场及温度场的影响;

(4)以降低实验厅内环境温度为目标,从仿真角度提出可行性方案。

## 1.3.3　深埋地下空间防氡措施

氡气是由地层岩石中放射性元素镭衰变产生的一种放射性惰性气体,无色、无味、无臭。氡及其子体衰变过程中放射出 $\alpha$、$\beta$ 射线,这一系列带辐射的微粒会对中微子实验带来负面影响,这是实验所不允许的。当氡气或微粒被吸入肺部,部分会积聚并继续散发辐射,对人的健康造成很大伤害,令吸入者患肺癌的概率升高。由于氡气是不挥发、不被吸收转化的,因此氡气的防治不能根除,只能采取措施降低氡气浓度。通风不足的建筑物,氡气便会滞留及聚集,加强通风换气是减少氡气污染的主要措施。

本工程实验室深埋地下,对机械通风换气要求较高,且与常规建筑或工业通风有一定区别,对于其风量及通风策略必须进行专项研究。同时,在安装施工期间存在热量与异味散发问题,需配置排风系统予以消除。

对上述问题,项目研究团队按照施工顺序全过程、基于实测数据对深埋地下洞室的封闭氡浓度、新风量以及超长距离通风系统进行研究分析。

深埋地下空间防氡措施分析研究,主要从以下 3 个方面进行:

(1)封闭氡浓度的测试;

(2)防氡涂料的对比分析;

(3)深埋地下空间新风换气措施研究。

为控制地下建筑的氡浓度,目前我国相关规范中给出了不同封闭氡浓度时地下洞室所需的新风换气次数。氡浓度主要由岩体析出,不同地理位置、不同埋深的地下建筑封闭氡浓度均不同,因此需要通过实测对空气封闭氡浓度进行确定,以此作为确定新风量的基础数据。

对于封闭氡浓度的测试,在没有条件对目标建筑进行测试时,可选择相似地理位置、相似埋深的建筑用以参考,因此在现场选择了埋深 680 m 处的一个避难室测试封闭氡浓度,避难室截面尺寸如图 1-6 所示。对于空气温湿度和岩壁温度的测试,选择在该躲避洞洞室外的斜井井身附近进行,图 1-7 展示了斜井施工现场。该处的埋深是地下实验站完成施工部分中最接近实验厅埋深处,测试结果有较大的参考价值。

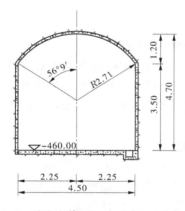

图 1-6　避难室截面尺寸示意 （单位:m）

图 1-7　斜井施工现场

另外,还选择了地上厂区一间 10 m² 的办公室测量其空气温湿度及氡浓度,作为与地下测量所得数据的对比。采用连续测量法,将避难室封闭 6 d 后进行测量。在避难室布置 2 个测点,分别位于洞室正中央和 1 个对角处,连续测量 30 min;在地上办公室布置 2 个测点,分别位于办公室正中央和 1 个对角处,连续测量 30 min。测试所用仪器如图 1-8 所示。

## 1.3.4　超高静压空调水系统减压与温控措施

按照空调系统末端设备的承压能力,空调水系统的降压措施目前有两种方案,一种是对水系统进行竖向分区处理,根据目前市场上常用的水-水板式换热器的承压能力,分别在-150 m 和-345 m 高程处设置水-水板式换热器,将上一级的低温冷水冷量经换热器转换到下一级闭式循环,共设 3 级闭式循环回路,冷水换热温差宜取 1~1.5 ℃;另一种是采用分级设置减压阀,平均每降低 100 m 左右高程设置一个减压阀,层层减压将低温冷水直接送至地下实验厅。对上述两种方案进行了比选。

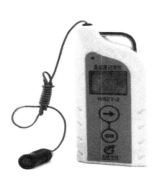

(a)温湿度自记仪　　　　　　　　　　(b)连续测氡仪

图 1-8　测量仪器

　　减压后的空调水温度还必须满足实验厅(21±1)℃的要求:如果末端空调水温度太高,则需要空调机组采用小温差大风量的处理方式,相应带来的是空调风管尺寸加大、增加投资、施工安装困难等问题;如果降低末端空调水温度,则需要从源头降低冷水机组的出水温度以及减小长距离供水的温升,而降低冷水机组的出水温度则意味着冷水机组的制冷系数 COP 值下降,能耗增加、制冷能力下降,带来的是需要选择更大型号的冷水机组,才能满足地下实验室的空调冷负荷的需要。

　　另外,对冷水机组、水泵、中间换热器等空调设备的选型及参数优化进行了分析研究,对管道沿程冷量损失从理论上进行了推导,对各级闭式循环冷量损失进行了计算。空调水系统竖向分区及温控示意见图 1-9。

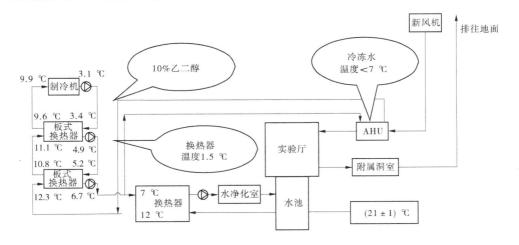

图 1-9　空调水系统竖向分区及温控示意

## 1.3.5　深埋超大空间(21±1)℃精度温度场与 10 万级洁净度控制措施

　　深埋地下实验厅地面−430.50 m 高程以上净尺寸为:56.25 m×49 m×27 m(长×宽×高),其跨度超过了国内已建地下洞室,为目前国内最大跨度拱顶结构,下方探测器水池深度达 44 m,又与多洞室或交通隧道连通,此类特征都对气流组织提出了挑战。同时室内散热、散湿源复杂,而安装期内对实验厅和水池的空气温度和湿度都分别有较高精度要求,良好的通风空调气流组织方案是达到设计要求的关键。

由于中微子实验的重要性,为保证实验厅室温度控制在(21±1)℃精度要求,项目研究团队进行了深埋地下超大空间洞室通风空调气流组织、±1℃精度温度场 CFD 模拟专项研究:

(1)设计实验厅多种气流组织形式并进行比选,开展温度场 CFD 模拟计算,以找到最佳的实验厅大空间分层空调气流组织形式;

(2)实验厅对附属洞室群及交通隧道气流扩散分析;

(3)安装期间水池内气流组织及送风方式研究;

(4)其他根据设计修改进行的 CFD 模拟工作。

根据地下实验厅 10 万级洁净度的要求,主要从送风洁净度、气流组织、送风量、静压差等方面来设计考虑。

首先,要保证送风洁净度符合要求,关键是净化系统末级过滤器的性能和安装。对中效过滤器、亚高效过滤器等空调过滤器的性能进行了对比。

其次,分析对比了垂直单向流、水平单向流、乱流型气流等不同气流组织的特点以及布置形式,以找到最佳的气流组织形式。

最后,在送风量上,决定适当增大换气次数 10%~20%,达到约 10 次/h,以稀释和排除室内污染空气。适当增大送风风管断面,新风量大于排风量,并在回风口处设置空气阻尼层,对气流起到一定的过滤作用,使实验厅始终处于微正压状态,防止室外的氡气、灰尘进入。

## 1.3.6　中心探测器有机玻璃球拼接过程恒温洁净环境控制

中心探测器是江门中微子实验项目的核心装置。中心探测器整体形状为球形,由不锈钢网壳、有机玻璃球和 PMT 组成,其中有机玻璃球内径为 35.4 m,厚度为 120 mm,由一片片长约 12 m 的有机玻璃黏接而成,不锈钢网壳内径 40.1 m、外径 41.1 m。中心探测器在实验厅地面向下开挖的巨型圆柱体(直径 43.5 m、高 44.0 m)空间内现场组装,待中心探测器组装完成后注入超级洁净水,浸没中心探测器,巨型圆柱体将成为一个巨大的水池。

中心探测器有机玻璃球现场制作期间要求水池内环境温度在(21±1)℃范围内。中心探测器在现场先进行不锈钢网壳的安装,不锈钢网壳安装完成后,有机玻璃球开始从上往下在专用的安装平台上逐层进行拼装,待有机玻璃上半球安装完成、开始下半球安装时,PMT 开始从上往下逐层安装。整个探测器安装期间的主要热源为有机玻璃安装过程中的加热拼接及退火工序,需要采取一些通风手段将热量排出,维持水池内环境温度始终在(21±1)℃范围内。

研究内容主要包括:

(1)根据实际情况,确定有机玻璃加热拼接及退火过程环境控制洁净通风方案;

(2)研究不同送风参数和排风方式对实验厅环境温度场的影响,得到变化规律,为后续工作做准备;

(3)针对每层有机玻璃拼接过程,初步确定送风参数模拟其温度场,不断调整送风参数以达到环境温度控制要求,最终确定气流组织方案。

# 第 2 章　研究成果与创新

# 2.1 研究技术路线

本项目研究主要通过查找资料、理论研究、现场实测及联合高校科研力量一起研发、建立数学模型、数值模拟分析等手段,利用云计算、大数据、3DE 仿真计算等关键技术,完成了热湿地区复杂的深埋地下洞室热湿负荷计算分析研究、深埋大型复杂洞群热压通风及施工期环境温度 3DE 仿真专项研究、深埋地下空间封闭氡浓度和通风问题的分析、超高静压空调水系统竖向分区及低温供水分析与研究、深埋超大空间 10 万级洁净环境的气流组织设计以及(21±1)℃精度温度场 CFD 模拟专项研究、中心探测器有机玻璃球拼接过程恒温洁净环境控制分析研究,这些研究成果实时结合工程建设进行应用,保证了工程建设顺利开展和工程的建设质量。

本项目的研究技术路线如图 2-1 所示。

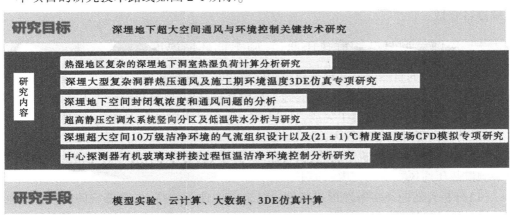

图 2-1 研究技术路线

# 2.2 主要研究成果

## 2.2.1 深埋地下洞室热湿负荷

按照施工顺序全过程,分别建立了土建施工期、设备安装期和实验运行期动态负荷特征的数学模型,对实验厅(21±1)℃与周围约 33 ℃花岗岩壁之间复杂的热湿交换进行了深入的分析与研究。

(1)进行了启动负荷与降温时间关系的理论分析计算。

在施工安装调试阶段以及正常运行阶段,由于热源与环境参数要求不一样,这两者负荷有明显的差别。施工安装阶段负荷主要是动态负荷,把自然温度降低到受控温度,而在实验运行阶段,除岩壁传热负荷外,以系统运行负荷为主。

具体计算结果见第 3 章 3.2.3 部分。

(2)实验厅及附属洞室空调冷负荷计算。

　　实验厅及附属洞室空调冷负荷计算主要包括围护结构的传热负荷(这与实验厅周围岩石温度有关)、新风负荷、设备散热负荷、照明负荷、人体散热负荷、潜热负荷、壁面散湿及沿程输送冷量损失计算等。

　　其中,对实验厅上部围护结构的传热负荷分别进行了理论计算、仿真模拟计算。

　　围护结构动态传热经过长时间达到一个相对稳态,这时成为稳态传热问题。通过对实验厅上部围护结构的传热计算,得出传热负荷随时间的变化特性。具体见第 3 章 3.3.1 部分。

　　围护结构传热负荷理论计算和仿真模拟的计算结果误差在 10% 左右,说明了理论计算结果的可靠性;由于运行期长达 30 年之久,因此冷水机组的装机容量建议以运行期为准,同时考虑安全系数 1.1,而其他时期超出装机容量的负荷建议由备用及临时租赁的冷水机组来承担。

　　(3)根据深层地下大科学装置的安装要求和动态负荷预测方法,确定了合理的制冷系统设备容量。

## 2.2.2　深埋大型复杂洞群热压通风、施工期环境温度

　　由温差驱动的自然通风在地下建筑中广泛存在。深埋实验厅及附属洞室土建施工期间,通风空调系统尚未安装投入使用,施工环境高热高湿,严重影响施工人员的身心健康。此时,虽然竖井、斜井均已施工完成,且已连通,但由于实验厅埋深较大,自然对流通风较弱,且风的流向受外界影响较大,难以保证。

　　同一条件下,地下建筑中的热压、自然通风量和温度分布存在多种可能性。深埋大型复杂洞群热压通风主要研究内容如下:

　　(1)分析自然通风多解性形成条件。结合深埋地下的特点,内部空间的热量将通过竖井形成较大热压,使自然通风具有可行性。通过查找资料、文献检索,对各种热压通风形式单侧通风及双侧通风等进行了文献梳理,加深对通风多解性形成原因的认识。

　　(2)对一维通风网络模型 LOOPVENT 的完善。对一维多区域流动网络模型 LOOPVENT 进行了完善,分别对流动模型、传热模型、流动与传热的耦合实现方式、大空间及大开口等特殊单元的划分等进行了详细阐述。该模型考虑了深埋地下建筑的传热特性,实现了流动和传热的耦合,在已知内部热源及室外气候条件的情况下,无须假定室内温度,可通过动态模拟的方式,求解地下空间的动态自然通风情况。

　　对该热压多态性的研究,有利于了解该现象的发生机制,并对热压的多态性进行判定,为安全高效地利用地下建筑的热压通风提供理论依据,避免不利的通风状态,诱导有利的通风状态,改善施工作业面的高热高湿环境。

　　针对施工期间存在的作业面闷热潮湿问题,采用 3DE FMK 仿真软件对深埋大型复杂洞群环境温度与热压通风的关系进行了数学仿真分析。以施工期包括实验厅在内的大型复杂洞群为研究对象,建立了数学仿真模型,分析不同工况下洞群内的流场及温度场分布情况。分析内容包括:

　　(1)研究 2 m/s 流速下实验厅内流场及温度场的分布情况;

　　(2)增加均匀分布的体热源,研究热源对实验厅内流场及温度场的影响;

（3）以风机参数为基础，研究不同的风机布置形式对流场及温度场的影响；

（4）以降低实验厅内环境温度为目标，从仿真角度提出可行性方案。

根据上述研究结果，指导并提出了地下交通廊道、实验厅施工期辅助通风方案，确定了施工期地下交通廊道、实验厅的气流组织形式，为施工人员提供了良好的施工环境；对影响通风路径的土建结构，提出了改进性的意见，譬如：将原来位于通风路径上的水净化室由封闭房间改为敞开式布置，而对于易造成通风短路的1#施工支洞，则建议将两端封堵等。

## 2.2.3　深埋地下空间封闭氡浓度与通风

在江门中微子实验站地下土建工程施工过程中，利用温湿度自记仪和连续测氡仪对地下施工现场和地上办公室的热湿环境和空气质量进行了实测，得到了空气温湿度和封闭氡浓度等测量结果；地下氡浓度相比地上较高，考虑到实验厅内岩壁表面积较大及《地下建筑氡及其子体控制标准》（GBZ 116—2002）规定，最终以 1 kBq/m³ 的封闭氡浓度为准选取了排氡所需的新风换气次数。

测试于 2017 年 7 月 20 日 13:00 进行，具体测试结果及分析见第 5 章 5.4 部分。

## 2.2.4　超高静压空调水系统竖向分区与温差控制

经过对水系统竖向分区、采用分级设置减压阀这两种减压方式的对比分析，确定了空调冷水系统采用竖向分区、温差控制处理送入深埋地下洞室的新方法。

经过水–水热交换后，空调冷水温要升高 1~1.5 ℃，减压后的空调水温度还必须满足实验厅（21±1）℃ 的要求；如果空调水温度太高，则需要空调机组采用小温差、大风量的处理方式，相应带来的是空调风管尺寸加大、增加投资、施工安装困难等问题；如果降低末端空调水温度，则需要降低冷水机组的出水温度以及考虑长距离供水的温升问题，降低冷水机组的出水温度意味着冷水机组的制冷系数 COP 值下降，能耗增加、制冷能力下降，则需要选择更大型号的冷水机组，才能满足地下实验室的空调冷负荷的需要。

基于实际工程限制，只能在 -270 m 处设置一级板式换热器，由于少了一级板式换热器，减少了沿程换热损失，故制冷机出口温度可考虑为 3 ℃ 左右。这样可无须在冷水中加乙二醇防冻液，增大了冷水的导热系数和比定压热容，间接提高了冷水机组的制冷量，具体竖向分上、下两个区系统，如图 2-2 所示。

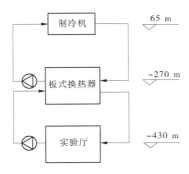

图 2-2　竖向分上、下两个区系统

在斜井-270 m高程处设置高承压水-水板式换热器,上一级的冷水经高承压水-水板式换热器将输送的冷量传递到下一级闭式循环,共设2级闭式循环回路。在世界建筑楼宇暖通空调行业中,首次应用全球设计压力/承压最高的半焊型水-水板式换热器,其设计工作压力为4.1 MPa,按照板式换热器国标试验压力为5.33 MPa(单侧试压)。

经研究分析,管道内流体的温升是一个关于流体质量流量的幂函数,且温升的大小与管道内流体与管外环境的温差、管道和保温材料的导热系数以及管道与保温材料的厚度均有关。经过计算,每一级循环冷水将升高约0.6 ℃,再加上板换之间约1.5 ℃温升(如采用1 ℃换热温差,换热器成本会大幅提高),最终确定从冷水机组到地下实验厅空调机组两级循环的温度分别为3.0~9.6 ℃、5.0~10.6 ℃,如图2-3所示。

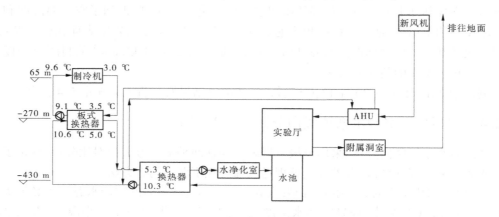

图 2-3　空调水系统竖向分区及温控示意

## 2.2.5　深埋超大空间(21±1)℃精度温度场气流组织 CFD 模拟与 10 万级洁净环境设计

根据地下实验厅10万级洁净度的要求,经过认真研究分析,主要取得了以下研究成果:

(1)在气流组织设计上,深埋地下实验厅创新采用了"精准送风、湿氡分除"的分层空调、非单向流气流组织形式,上部排除拱顶及上部侧墙渗出的湿气、下部排除岩石析出并沉积在实验厅下部的氡气。

(2)空调机组出口采用中效过滤器,净化系统末级过滤器采用亚高效过滤器。

(3)在送风量上,决定适当增大换气次数10%~20%,达到约10次/h,以稀释和排除室内被污染空气。

(4)适当增大送风管断面尺寸,设计新风量大于排风量,并在回风口处设置空气阻尼层,对气流起到一定的过滤作用,使实验厅始终处于微正压状态,防止室外的氡气、灰尘进入。

由于中微子实验的重要性,为了保证实验厅室温度控制在(21±1)℃的精度要求,项目研究团队对深埋地下超大空间洞室通风空调气流组织、±1 ℃精度温度场进行了 CFD 模拟专项研究。

通过 CFD 技术模拟实验大厅的热湿环境,验证设计参数的可靠性,进而对设计参数进行优化,得出以下几点关于实际工程的结论:

(1)送排风设计参数基本满足实验厅的温湿度要求,实验厅 3 m 以下大部分区域温度维持在(21±1)℃范围内,相对湿度维持在 70%以下,超出 22 ℃及相对湿度 70%的区域均位于岩壁附近。

(2)小幅度减小设计参数的圆形风口送风量,3 m 以下区域温度会有所上升,但大部分区域温度仍维持在(21±1)℃范围内,而相对湿度则呈下降的趋势,出于节能的考虑,可小幅度减少送风量。

## 2.2.6 中心探测器有机玻璃球拼接过程恒温洁净环境控制

中心探测器是江门中微子实验项目的核心装置。中心探测器整体形状为球形,中心探测器由不锈钢网壳、有机玻璃球和 PMT 组成,其中有机玻璃球内径为 35.4 m,厚度为 120 mm,由一片片长约 12 m 的有机玻璃黏接而成,不锈钢网壳内径40.1 m、外径41.1 m。中心探测器在实验厅地面向下开挖的巨型圆柱体(直径 43.5 m、高 44.0 m)空间内现场组装,待中心探测器组装完成后注入超级洁净水,浸没中心探测器,巨型圆柱体将成为一个巨大水池。

中心探测器有机玻璃球现场制作期间要求水池内环境温度在(21±1)℃范围内。中心探测器在现场先进行不锈钢网壳的安装,不锈钢网壳安装完成后,有机玻璃球开始从上往下在专用的安装平台上逐层进行拼装,待有机玻璃上半球安装完成,开始下半球安装时,PMT 开始从上往下逐层安装。整个探测器安装期间的主要热源为有机玻璃安装过程中的退火工序,需要采取一些通风手段将热量排出,维持水池内环境温度始终在(21±1)℃范围内。

根据工程实际情况,确定有机玻璃拼接过程环境控制通风方案如下:在实验厅水池顶部设置风口,作为基本送风,保证实验厅水池内控温要求;内外加热带均设置局部送排风系统,快速排出热空气;外侧加热带使用柔性纤维风管向下送风,随加热带位置变化而移动;内侧加热带使用铁皮风管贴壁侧送风。图 2-4 所示为有机玻璃拼接过程环境控制通风方案示意(以赤道层为例)。

通过 CFD 模拟技术优化送排风参数进而确定有机玻璃拼接过程环境控制通风系统方案,给出几点关于实际工程的建议:

(1)环形柔性风管送风均匀性较好,最大流量差为 20%,建议采用双侧进风的方式。

(2)在保证送风量一定的条件下,送风速度越大,送风距离越小,对有机玻璃拼接的降温效果越好。

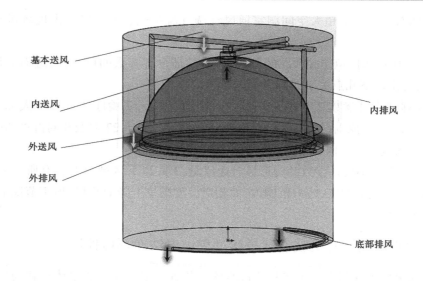

基本送风

内送风

外送风

外排风

内排风

底部排风

**图 2-4 有机玻璃拼接过程环境控制通风系统方案示意**

（3）整体送风速度为 0.2 m/s，外加热带送风速度为 2 m/s，内加热带送风速度随层数调整。

（4）整体送风温度为 20 ℃，外加热带送风温度为 18 ℃，内加热带送风温度为 20 ℃。

（5）第 11~0 层，外加热带送风角度垂直于赤道面；第-1~-11 层，外加热带送风角度逐层变化，与相应层横加热带切线方向大致平行即可；内加热带送风角度为贴壁侧送。

（6）排风能够有效地带走有机玻璃拼接产生的热气流。

（7）由于工作平台的相对封闭性，需加大排风措施。内外加热带均设置定点排风系统，同时水池底部设置排风口排除多余热空气，维持实验厅空气质量平衡。

# 2.3 主要科技创新

主要科技创新体现在理论创新、方法和技术等方面，提出了深埋地下工程中热压通风的多态性理论与稳定性分析方法，对深埋地下大空间围护结构复杂的热湿负荷计算方法进行了改进，丰富了深埋长直隧道中温度沿长度方向的分布规律理论，推动了深埋地下超大空间高精度恒温洁净环境控制技术的进步与水-水板式换热器行业的发展，为国家深埋地下重大科技工程的环境控制，从理论分析到技术应用提供了一套完整的科技创新方案。

（1）提出了深埋地下工程中深埋隧洞群气流参数场分布预测理论，建立了深埋大空间空气-围岩热湿耦合传递计算模型，形成了深埋地下大空间热湿负荷计算方法。

在施工安装调试阶段和正常运行阶段，由于热源与环境参数要求不一样，这两者负荷有明显的差别。施工安装阶段负荷主要是动态负荷，把自然温度降低到受控温度，而在运行阶段,除岩壁传热负荷外,以系统运行负荷为主。

为简化理论分析计算,假设室内温度场均匀,提出将室外供冷量看作室内空气"负内热源"这一概念,将室内温度的变化过程看作零维过程,采用集总参数法对空气温变过程进行求解。

采用有限元软件 COMSOL Multiphysics 建模并进行了数值求解。

按照施工顺序,分析得到地下实验厅及附属洞室群的空调系统应当满足 3 个不同阶段的负荷,分别为建造期实验厅空调系统初始负荷、安装调试期水池空调系统热湿负荷、正常运行期实验厅空调系统热湿负荷。此处列出的负荷设计计算参数除查阅相关文献规范取值外,还结合施工实际情况开展调研和现场测试。

围护结构传热负荷理论计算和仿真模拟的计算结果误差在 10% 左右,说明了理论计算结果的可靠性;由于运行期长达 30 年之久,因此冷水机组的装机容量建议以运行期为准,同时考虑安全系数 1.1,而其他时期超出装机容量的负荷建议由备用及临时租赁的冷水机组来承担。

实验厅的通风空调系统主要是排除实验设备泄漏和岩体可能释放的有害气体,为实验室人员提供舒适的工作环境,为实验设备提供良好的运行环境。

本工程实验室深埋地下,对机械通风换气要求较高,且与常规建筑或工业通风有一定区别,对于其风量及通风策略必须进行专项研究。同时,在安装施工期间存在热量与异味散发问题,需配置排风系统予以消除。

按照施工顺序全过程,基于实测数据对深埋地下洞室的氡浓度以及超长距离空调风系统进行研究分析,此部分主要开展了如下研究:

①实验厅换气次数及通风量研究;

②地下洞群氡浓度现场实测;

③附属洞室群通风策略及通风量确定;

④洞室群排风机设置方案优化分析;

⑤竖井风管道材料方案比选(比选新型材料等);

⑥实验厅有机玻璃拼接期间退火期间排风系统研究;

⑦水池安装期间消除有机玻璃单体异味局部排风系统研究。

对一维多区域流动网络模型 LOOPVENT 进行了完善,用于研究深埋地下洞室动态自然通风情况。常规一维多区域模型中,各空间中流体假定是均匀分布的,空间内各点的压力和温度相等。通过求解各空间的质量守恒、能量守恒和压力平衡关系式,可以获得各空间的温度、热压和流量分布。为了使此类模型更加适合地下空间,尤其是深埋地下建筑,对空间模型进行了完善,提出通过多段"线性温度分布模型"来描述长直隧道中温度沿长度方向的分布规律。相关分析和测试表明,该"线性温度分布模型"相对"完全均匀混合模型",能更加准确地描述地下空间的温度分布,从而对热压的分布计算更加准确。该模型考虑了深埋地下建筑的传热特性,实现了流动和传热的耦合,在已知内部热源及室外气候条件的情况下,无须假定室内温度,可通过动态模拟的方式,求解地下空间的动态自然通风情况。

针对施工期间存在的作业面闷热潮湿问题,采用 3DE FMK 仿真软件对深埋大型复杂洞群环境温度与热压通风的关系进行了仿真模型研究。以施工期包括实验厅在内的大型复杂洞群为研究对象,建立了数学仿真模型,分析不同工况下洞群内的流场及温度场分布情况。

指导并提出了地下交通廊道、实验厅施工期辅助通风方案,确定了施工期地下交通廊道、实验厅的气流组织形式,为施工人员提供了良好的施工环境;对影响通风路径的土建结构,提出了改进性的意见,将原来位于通风路径上的水净化室由封闭房间,改为敞开式布置,而对于易造成通风短路的 1# 施工支洞,建议将两端封堵。

(2)创建了"竖向分区、一次换热、温差控制"的新技术方法,研发了本领域承压最高(4.1 MPa)的专用换热设备,解决了 500 m 级高差的地下工程冷源输送和系统承压的难题。

斜井入口附近的制冷机房与实验厅相对高差约 500 m,相当于约 170 层超高层建筑的高度,对于末端实验厅空调设备来讲,空调水系统静水压力太大。由于空调系统设备的承压能力有限,不能通过空调水管将冷水机组与实验大厅空调机组直接相连,冷水不能直接送到空调机组,中间必须经过减压处理。

选用常规制冷机方案面临沿程冷量损失大、设备承压高、多级换热器热损失大等问题,而热损失量大则要求制冷机低温供水,这将对冷水机组选型与配置提出要求,针对以上水系统设计遇到的问题,开展了如下研究:冷水机组选型及参数研究;中间换热器选型及参数研究;水泵选型及参数研究。

采用温差控制法,将空调冷水系统进行竖向分区处理送入深埋地下洞室。在世界建筑楼宇暖通空调行业中,首次应用全球设计压力/承压最高的半焊型水-水板式换热器,其设计工作压力为 4.1 MPa,按照板换国标试验压力为 5.33 MPa(单侧试压)。在斜井 -270 m 高程处设置高承压水-水板式换热器,将上一级的冷水经高承压水-水板式换热器将输送的冷量转换到下一级闭式循环,共设 2 级闭式循环回路。

目前,将空调冷水系统进行竖向分区处理的方法均应用于超高层建筑中,冷水机组位于超高层建筑物的地下室机房,空调末端设备位于建筑物的上部,板式换热器位于两者之间,空调冷水通过循环水泵向上循环提供冷水。江门中微子实验站空调冷水循环系统与超高层建筑的空调冷水循环系统相反,是向深埋地下洞室供冷水。从难度角度来讲,向深埋地下洞室供冷水要大于超高层建筑的向上供冷水,因为冷水机组的承压能力往往要大于空调末端机组的承压能力。

从水-水板式换热器的承压等级来比较,世界上超高层建筑物一般选择承压等级为 2.5 MPa 的水-水板式换热器(比如世界上排名第 2 高度、632 m 的上海中心采用的是 2.5~3.0 MPa 的水-水板式换热器;世界上排名第 1 高度、828 m 的迪拜哈利法塔采用的水-水板式换热器的承压等级是 3.4 MPa),而江门中微子实验站工程采用的水-水板式换热器的承压等级为 4.1 MPa,是世界上首台承压等级超过 4.0 MPa 的水-水板式换热器。由于板式换热器的特殊结构,压力等级增加一点都是难度极大的,从这个角度来讲,江门中微子实验站采用的水-水板式换热器技术上是世界领先的。

冷水系统竖向分区处理后冷水系统的高静水压力问题解决了,随之而来的是冷水分区后的温升问题。由于实验大厅要求温度控制在(21±1)℃,因此空调送回风温差需介于6~10 ℃,这就要求空调末端冷水供水温度为5 ℃左右。而常规冷水机组的供回水温度分别为7 ℃、12 ℃,中间的板式换热器温差约为1.5 ℃,再加上长达1 500 m左右的管道冷量损失、冷水温升,冷水到达地下实验大厅的空调机组时的温度为9~10 ℃,难以满足本工程的需要。

对空调水系统进行竖向分区的同时,将冷水机组的出水温度、沿途管线的温升、板式换热器的温升进行了精确的计算,将进入实验大厅空调机组的冷水温度严格控制在10.5 ℃以下,以确保实验大厅温度控制在(21±1)℃。最终确定,选择低温冷水机组,出水温度控制在3 ℃,从冷水机组到地下实验大厅空调机组两级循环的温度分别为:3.0~9.6 ℃、5.0~10.6 ℃,满足了中微子实验对环境的温湿度设计要求。

从冷水的输送距离、管道的周围环境来对比,江门中微子实验站比超高层建筑冷水输送更长、周围环境闷热潮湿更加恶劣,控制沿程管道冷量损失、冷水温升的难度更大。

从末端空调冷水的温度来对比,超高层建筑常规末端的空调冷水供回水温度是7~12℃,空调机组的送回风温度一般为17~26 ℃,而江门中微子实验站末端的空调冷水供回水温度是5.3~10.3 ℃,空调机组的送回风温度为15.3~21.3 ℃。冷水机组的出水温度更低,末端机组的温控精度更高。

(3)提出了非单向流+恒温洁净环境控制技术,实现了复杂边界条件下地下超大空间"精准送风、湿氡分除"和温度场±1 ℃的高标准环境控制,确保了中微子探测核心实验装置安装工艺的环境要求。

实验厅跨度大,下方水池较深,又与多洞室或交通隧道连通,此类特征都对气流组织提出了挑战。同时室内散热、散湿源复杂,周围岩壁破碎的花岗岩不停地向实验厅散发氡气,而安装期、实验期内对实验厅和水池的空气温度和湿度都分别有较高精度要求,良好的通风空调气流组织方案是达到设计要求的关键。

为满足深埋地下超大空间(约6.2万 m³)实验厅(21±1)℃恒温精度、<70%相对湿度、10万级洁净度以及室内氡气浓度等多方面的要求,主要从气流组织形式、送风量、送回风温差、送风洁净度、室内外静压差等方面来分析研究。

由于实验厅跨度大,拱顶高,室内空间空调风管难以布置,经过多种方案比选,创新采用了"精准送风、湿氡分除"的非单向流+分层空调气流组织形式。分层空调节能运行的同时又很好地解决了拱顶及上部侧墙渗出的湿气与沉积在实验厅下部的氡气一并排除的问题。在实验厅纵向两边端墙中部分别设置2条空调送风管,空调机组出口采用中效过滤器,净化系统末级过滤器采用亚高效过滤器通过喷口侧送风,将高洁净的空调冷风送到实验厅中部区域;排风分为上、下两部分同时排风,上部通过2#施工支洞排风,主要排除实验厅拱顶及上部侧墙渗出的湿气,下部通过液闪灌装间、电子学间、空调机房等处排风,主要排除实验厅岩石析出并沉积在实验厅下部的氡气。

　　为减小送风对室内温度的干扰,采用"小温差、大风量"精准温控送回风技术,送、回风温差设定为 6 ℃,温度分别设定为 15 ℃、21 ℃;适当增大换气次数 10%~20%,达到 10 次/h,以稀释和排除室内污染空气。

　　实验厅外面就是交通排水廊道,为保证洁净度,必须防止交通排水廊道内的空气渗入,为此采取了下述措施:适当增大送风管断面,保证新风量大于排风量,并在回风口处设置空气阻尼层,对气流起到一定的过滤作用,使实验厅始终处于微正压状态,防止室外灰尘进入;另外,控制风道内及出风口风速,降低噪声污染。

　　对深埋地下超大空间(21±1)℃精度温度场、空调气流组织形式进行了 CFD 模拟专项研究。主要研究内容如下:

　　①设计多种气流组织形式进行比选,进行实验厅温度场 CFD 模拟计算;
　　②实验厅对附属洞室群及交通隧道气流扩散分析;
　　③安装期间水池内气流组织及送风方式研究;
　　④其他根据设计修改进行的 CFD 模拟工作。

　　探测器上方为一大跨度结构,而运行期空调所需控制区域主要为靠近水面部分,专项研究主要通过 CFD 对几种可选气流组织形式进行模拟比较,根据计算结果,反馈给设计人员进行讨论,根据反馈意见调整风口数量、位置、风速、送风角度、温度等参数,改善气流组织,直至达到实验厅温、湿度要求。

　　首先,进行支撑中微子探测器的不锈钢网壳的安装,不锈钢网壳安装完成后,有机玻璃球开始从上往下在专用的安装平台上逐层进行拼装,待有机玻璃上半球安装完成,开始下半球安装时,PMT 开始从上往下逐层安装。整个探测器安装期间的主要热源为有机玻璃安装过程中的退火工序,需要采取一些通风措施将热量排除,维持实验厅内环境温度在(21±1)℃范围内。

　　中心探测器在水池中的位置:各部分在水池中的结构和位置分布如图 2-5 所示。

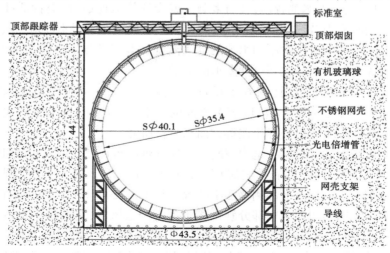

**图 2-5　中心探测器在水池中的布局**　(单位:m)

有机玻璃球退火说明:有机玻璃球从上到下逐层采取本体聚合的方式进行制作,整个球体分为 23 层,在制作完一层后,对粘接缝处需要用加热带进行加热退火处理。有机玻璃球分层结构示意如图 2-6 所示。

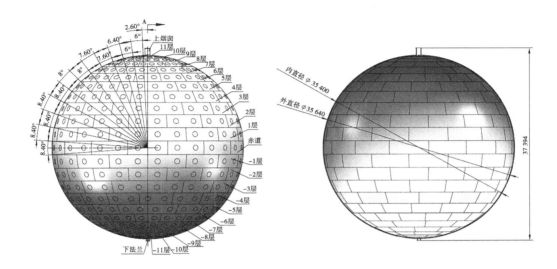

**图 2-6　有机玻璃球分层结构示意**　（单位:mm）

退火时加热带铺设位置:以有机玻璃球安装制作到赤道层位置时为例,定义此时赤道层位置相对球体中心高度为 0 m,当赤道层与上层球体粘接完成后,水平粘接缝和竖直粘接缝处在球体内外均铺设加热带,内外表面加热带功率相等。该过程示意如图 2-7 所示。

**图 2-7　加热带位置分布示意**

退火加热参数:加热带分别在有机玻璃球壳内外表面同时工作,功率按照每 6 m 加热带长度功率为 10 kW 计算,加热时间为 108 h,约占该层制作总时间的 30%。由于每层加热带散发热量不同、加热带位置不同,针对每层均需设置通风系统,参数可能不一致。

　　根据工程实际情况,确定有机玻璃拼接过程环境控制通风方案为:在实验厅水池顶部设置风口,作为基本送风,保证实验厅水池内控温要求;内外加热带均设置局部送排风系统,快速排出热空气;外侧加热带使用柔性纤维风管下送风,随加热带位置变化而移动;内侧加热带使用铁皮风管贴壁侧送风。

# 第 3 章　深埋地下空间热、湿负荷

# 3.1　概　述

## 3.1.1　一般概念

地下建筑的传热特性与地面建筑不同。地下建筑具有蓄热能力强、热稳定性好、温度变化幅度小和夏季潮湿等特点。地下建筑受进风温度、通风班制、通风量、生产班制、埋深、洞室尺寸和几何形状等因素的影响,围护结构的传热过程是比较复杂的。为了便于工程设计计算,根据洞室的几何形状进行分类简化,以便用不同的传热微分方程来描述不同类型围护结构的传热问题,并求得问题的解。

在热工计算中,一般是根据地下建筑的几何尺寸将建筑物简化成两类,即当量圆柱体和当量球体。所谓当量圆柱体是指长宽比大于 2 的地下建筑物,而长宽比小于 2 的地下建筑物则视为当量球体。

地下建筑围护结构在传热过程中,还伴随着复杂的传湿过程。据重庆建筑工程学院对地下建筑围护结构的传热、传湿问题进行的理论推导和实验验证,结果表明"蒸汽渗透的存在对壁面温度的变化没有多大影响"。因此,在围护结构的传热计算中,湿传导对热传导的影响,可以忽略不计(严重的地下水运动和裂隙水除外)。

围护结构表面散湿受洞室内温湿度、气流速度及水文地质条件的影响,是不稳定的。壁面做过防潮处理或作衬套的地下建筑,壁面散湿量一般不大。但对于一般通风地下建筑,夏季洞室内潮湿主要是通风带进湿源及壁面传热,使洞室内空气温度偏低的结果。

从传热来说,地表面温度年周期性变化对地下建筑围护结构传热的影响,是否可以忽略不计,是划分深埋与浅埋地下建筑的主要条件。计算结果表明,一般当地下建筑覆盖层厚度大于 6~7 m 时,地表面温度年周期性变化对地下建筑围护结构传热的影响可以忽略不计。

本书中所涉及的地下实验厅及其附属洞室是深埋地下建筑,因此其围护结构的传热计算不用考虑地表面温度年周期性变化的影响。

## 3.1.2　概述

实验厅埋深约 700 m,周围花岗岩石温度约 33 ℃,实验厅室温要求控制在(21±1)℃,两者温差较大,存在岩壁的传热问题;实验厅附近地下水丰富,周围温泉较多,实验厅岩壁散湿量大,而实验厅相对湿度要求控制在 70% 以下。

基于以上情况,实验厅与周围岩壁之间存在着复杂的热、湿交换。热湿地区复杂的深埋地下洞室热、湿负荷计算分析与研究是通风空调系统设计中的重点、难点。

项目研究团队按照施工顺序,分别建立了土建施工期、探测器安装期和实验运行期动态负荷特征的数学模型,对实验厅(21±1)℃与周围约 33 ℃花岗岩壁之间复杂的热、湿交换进行了深入的分析与研究。分析得到实验厅及附属洞室群的空调系统应当满足洞室预冷、探测器安装和正常实验运行 3 个不同阶段的冷负荷,分别为建造期实验厅空调系统初始冷负荷、安装调试期水池空调系统热湿冷负荷、正常运行期实验厅空调系统热湿冷负荷,每阶段负荷具体构成如下:

(1)建造期实验厅空调系统初始冷负荷:混凝土水化热、前期施工造成岩土体温升、施工设备及照明散热、围护结构传热。

(2)安装调试期水池空调系统热湿冷负荷:人员散热、施工设备、照明及工艺散热、围护结构传热、人员散湿、围护结构传湿。

(3)正常运行期实验厅空调系统热湿冷负荷:设备及照明散热、围护结构传热、围护结构传湿、敞开水面散湿。

本章列出的冷负荷设计计算参数除查阅相关文献规范取值外,还结合施工实际情况开展调研和现场测试。

# 3.2　启动冷负荷与降温时间关系的理论分析

在施工安装调试阶段以及正常运行阶段时,由于热源与环境参数要求不一样,这两者负荷有明显的差别。施工安装阶段负荷主要是动态负荷,把自然温度降低到受控温度,而在运行阶段,除岩壁传热冷负荷外,以系统运行冷负荷为主。

## 3.2.1　理论分析

根据工程施工进度安排,在实验设备安装调试阶段,要求先将洞室的空气温度降至 24~25 ℃,保证人能正常工作,之后在中心探测器的支撑钢架安装期 3 个月时间内逐步稳定大厅的温度至 21 ℃。在室内空气温度降至 21 ℃ 的过程中,空气显热不断变化,洞室的负荷相当于空调的"启动负荷",比室温恒定时的冷负荷大;在温度降至 21 ℃ 后,室温开始处于恒定状态,而壁面温度将继续降低并不断接近室温,因此洞室冷负荷也在不断减少,但制冷机选型仍应以启动负荷为准。

为简化计算,假设室内温度场均匀,将空调供冷量看作室内空气"负的内热源",故可将室内温度的变化过程看作零维过程,采用集总参数法对空气温变过程进行求解。各围护结构内表面温度和空气温度之间存在耦合关系,因此需联立求解围护结构导热方程和洞室空气热平衡方程。

取实验厅及水池内的空气为研究对象,则

$$\rho c \frac{\mathrm{d}t_{\mathrm{in}}}{\mathrm{d}\tau} = -Q_{\mathrm{C}} + Q_{\mathrm{L}} + Q_{\mathrm{P}} + \sum h_i A_i [t_i(\tau) - t_{\mathrm{in}}(\tau)] \tag{3-1}$$

式中:$\rho$ 为空气密度,kg/m³;$c$ 为空气比热容,J/(kg·℃);$Q_{\mathrm{C}}$ 为空调供冷量,W;$Q_{\mathrm{L}}$ 为灯光散热量,W;$Q_{\mathrm{P}}$ 为人员散热量,W;$h_i$ 为第 $i$ 面岩壁的对流换热系数,W/(m²·℃);$A_i$ 为第 $i$ 面岩壁的换热面积,m²;$t_i(\tau)$ 为 $\tau$ 时刻第 $i$ 面岩壁的温度,℃;$t_{\mathrm{in}}(\tau)$ 为 $\tau$ 时刻空气温度,℃。

对于岩土体导热过程,则

$$
\begin{cases}
\dfrac{\partial t}{\partial \tau} = a\,\dfrac{\partial^2 t}{\partial x^2} \\[2mm]
-\lambda\,\dfrac{\partial t}{\partial x}\bigg|_{x=0} = h\left[\,t(x,\tau) - t_{\mathrm{in}}(\tau)\,\right]\big|_{x=0} \\[2mm]
-\lambda\,\dfrac{\partial t}{\partial x}\bigg|_{x\to\infty} = 0 \\[2mm]
t_{\mathrm{in}}(x,\tau) = t_{\mathrm{in},0} \\[2mm]
t(x,\tau)\big|_{\tau=0} = t_0
\end{cases}
\tag{3-2}
$$

式中:$a$ 为岩土热扩散系数,$\mathrm{m^2/s}$;$x$ 为岩石距离壁面的距离,m。

## 3.2.2　数值求解方法

根据地下实验大厅相关图纸,采用有限元软件 COMSOL Multiphysics 建模并求解,计算模型如图 1-3 所示。

计算分为如下两个阶段:

(1)空气温变过程。将空调制冷量及灯光、人员等各内热源散热量折合为空气中的均质单位体积热源,空气温度变化过程与岩体传热过程相互耦合,直至空气温度降至 21 ℃。

(2)空气恒温过程。空气温度降至 21 ℃后,维持恒定,岩体传热边界条件变为第三类边界条件,并在前一阶段岩土温度分布结果基础上继续进行计算,两个阶段的总计算时间为 1 440 h(2 个月)。

计算所用相关参数及边界条件设置如下:

(1)空气及岩体热物性参数。依据《地下工程热工计算方法》中花岗岩的物性参数,设置岩体密度为 2 700 kg/m³,比热容为 920.89 J/(kg·℃),导热系数为 3.1 W/(m²·h);空气密度设置为 1.21 kg/m³,比热容为 1 006 J/(kg·℃)。

壁面对流换热系数的选取依据《地下建筑暖通空调设计手册》,岩壁对流换热系数一般为 5~7 kcal/(m²·h·℃),即 5.8~8.1 W/(m²·℃),此处取经验值 7 W/(m²·℃)。

(2)灯光及人员的散热量。依据《建筑照明设计标准》(GB 50034—2013),对于一般件的机电装配和精密焊接等工艺的场所,要求照明功率密度不得大于 11 W/m²,相对应的照度标准值为 300 lx。由于室形指数小于 1,照明密度限值增加 1.71 倍,即 18.81 W/m²,因此取照明功率 28 kW。

依据《民用建筑供暖通风与空气调节设计规范》(GB 50736—2012),21 ℃时中等劳动男子散热量为 112 W,因此 50 人的总散热量为 5.6 kW。

因此,总散热量为 33.6 kW。

（3）空调制冷量。分别选取 550 kW、650 kW、750 kW、850 kW 和 950 kW 计算不同制冷量对应的启动时间的长短。

（4）岩体初始温度。依据业主前期勘测结果，取 33 ℃。

（5）空气初始温度。由于未进行实测，分别取 28 ℃、30 ℃、32 ℃进行计算。

（6）对于半无限大平壁非稳态导热，在常热流边界条件下的渗透厚度为 $3.46\sqrt{a\tau_0}$，经过试算取岩体厚度为 15 m。

### 3.2.3 计算结果

通过建模及数值求解的方法，得出在不同空气初始温度及空调制冷量的作用下，大厅内空气温度及岩体温度的变化情况，如表 3-1 所示。空气温降时间与制冷量的关系见图 3-1。从表 3-1 和图 3-1 中可知，在相同制冷量下，空气初始温度对温降时间影响不大，不同初始温度降温时间相差 15 h 以内，且随着制冷量的增大，温降时间之差逐渐减小，2 个月后岩壁温度基本降至 22 ℃。

表 3-1 空气初始温度与降温的时间关系

| 空气初始温度/℃ | 制冷量/kW | 降至 21 ℃ 所需时间 $t$/h | $t$ 时刻时岩壁温度/℃ | 1 440 h（2 个月）后岩壁温度/℃ |
|---|---|---|---|---|
| 28 | 550 | 143.3 | 23.8 | 22.0 |
| | 650 | 98.5 | 24.4 | 22.0 |
| | 750 | 72.7 | 24.8 | 22.0 |
| | 850 | 51.2 | 26.4 | 21.9 |
| | 950 | 40.3 | 26.9 | 21.9 |
| 30 | 550 | 149.0 | 23.8 | 22.0 |
| | 650 | 103.5 | 24.3 | 22.0 |
| | 750 | 77.5 | 24.8 | 22.0 |
| | 850 | 53.7 | 26.5 | 22.0 |
| | 950 | 42.8 | 26.9 | 22.0 |
| 32 | 550 | 158.7 | 23.7 | 22.0 |
| | 650 | 113.8 | 24.2 | 22.0 |
| | 750 | 85.5 | 24.7 | 22.0 |
| | 850 | 60.5 | 26.4 | 22.0 |
| | 950 | 46.1 | 26.9 | 21.7 |

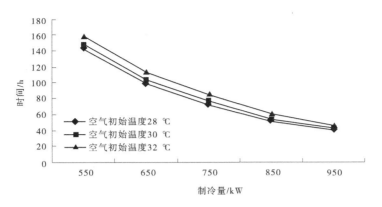

图 3-1　空气温降时间与制冷量的关系

# 3.3　空调负荷

实验厅及附属洞室空调冷负荷主要包括:围护结构传热冷负荷(这与实验厅周围岩石温度有关)、新风冷负荷、设备显热冷负荷、灯具照明冷负荷、人体散热冷负荷、潜热冷负荷及沿程输送冷量损失等。

## 3.3.1　围护结构传热冷负荷

### 3.3.1.1　实验厅上部围护结构传热冷负荷理论计算

地下建筑围护结构传热过程是一个不稳定过程。但随着使用时间的增长,恒温传热过程逐步趋于稳定,年波动传热过程逐步进入准稳定状态。

在深埋建筑(岩土温度全年不变)围护结构负荷计算过程中,看到的多数文献都是动态计算、数值计算、fluent模拟,基本弄清了深埋建筑通过围护结构传热的基本特点。深埋地下建筑围护结构传热问题是个半无限大物体的瞬态导热问题,将城门洞型的地下建筑进行模型简化,简化成无限厚的圆筒壁传热,就成为一维导热问题。

围护结构动态传热经过长时间达到一个相对稳态,就成为稳态传热问题,这时影响洞室岩壁传热的因素主要有通风风速 $v$、洞室温度湿度($t_n$、$\psi$)、岩壁温度($t_o$)和岩土热工参数,同时还有岩土的湿迁移以及洞室尺寸和几何形状等因素。

根据《防护工程采暖通风与空气调节设计规范》(GJB 20419.4—1998)中深埋地下坑道建筑围护结构传热量计算公式计算传热负荷:

$$Q = \frac{t_0 - t_n}{\dfrac{1}{h} + \dfrac{\delta_b}{\beta_b \lambda_b} + \dfrac{1.13R\sqrt{F_0}}{\beta\lambda}\left(1 - \dfrac{\delta_b}{1.13R\sqrt{F_{0b}}}\right)} \times S \tag{3-3}$$

式中:$Q$ 为洞室壁面传热量,W;$t_n$ 为洞室的设计温度,℃;$t_0$ 为岩石的初始温度,℃;$h$ 为被覆内表面的对流换热系数,W/m²;$S$ 为被覆内表面积,m²;$R$ 为洞室简化成圆柱的当量半径,$R = \sqrt{横断面面积/\pi}$,m;$\lambda$、$\lambda_b$ 分别为岩石和被覆材料的导热系数,W/(m·℃);$\beta$、$\beta_b$

为形状修正系数，$\beta = 1 + 0.4\sqrt{F_0}$，$\beta_b = 1 + 0.4\sqrt{F_{0b}}$；$\delta_b$ 为被覆材料厚度，m；$F_0$、$F_{0b}$ 分别为岩石与被覆材料的预热期傅里叶准则数，$F_0 = \alpha \times \tau/R^2$，$F_{0b} = \alpha_b \times \tau/R^2$；$\alpha$、$\alpha_b$ 分别为岩石和被覆材料的导温系数，m²/h；$\tau$ 为加热时间，h。

根据地质探测数据，实验站所在地层附近花岗岩温度为 33 ℃，即 $t_0 = 33$ ℃，实验厅及附属洞室的岩石表面有一层 250 mm 厚的碎石混凝土贴壁衬砌，根据查询花岗岩和混凝土衬砌的热工参数，计算导温系数 $\alpha$、$\alpha_b$：

$$\alpha = \frac{\lambda}{\rho c} = \frac{3.1 \times 3\,600}{921 \times 2\,800} = 4.33 \times 10^{-3}(\mathrm{m^2/h})$$

$$\alpha_b = \frac{\lambda_b}{\rho_b c_b} = \frac{1.51 \times 3\,600}{920 \times 2\,300} = 2.57 \times 10^{-3}(\mathrm{m^2/h})$$

要求解稳定期壁面传热负荷，还需要边界条件壁面对流换热系数，壁面对流换热系数的选取依据《地下建筑暖通空调设计手册》，此处取经验值 7 W/(m² · ℃)。

以实验厅上部结构为例，计算通过围护结构传热带来的冷负荷，如表 3-2、表 3-3 及图 3-2 所示。

表 3-2　实验厅上部结构基本参数

| 房间 | 长/m | 宽/m | 竖壁高/m | 拱高/m | 表面积/m² | 当量半径/m | 室温/℃ |
|------|------|------|---------|--------|-----------|-----------|--------|
| 实验厅 | 56.25 | 49 | 11 | 16 | 8 199.19 | 18.75 | 21 |

从图 3-2 可以看出，在初始阶段负荷较大，前 3 个月平均传热量为 173 kW，之后随时间逐渐减小，到第 90 天传热负荷降到 78.8 kW；经过 2 年的安装期，传热负荷继续减小并逐渐趋于稳定，在第 730 天左右，传热负荷减小到 34 kW 左右；之后，负荷略有减小，基本稳定。

### 3.3.1.2　实验厅上部围护结构传热负荷仿真模拟计算

1. 地下实验厅上部热湿环境物理模型

对于一个地下房间而言，它的热湿变化过程主要包括三个方面：围护结构的热传递过程，人员、灯光等内扰的热湿传递过程，空调设备投入的冷量和除湿量。

实验厅上部结构为深埋建筑，四周均为无限大岩体，不受室外气象条件的影响，岩体对室内空气同时存在传热和传湿过程。

地下房间的内扰与地上房间相同，一般包括人员、灯光、设备、工艺等。在热作用上分为显热和潜热两方面，其中潜热伴随人体和设备等的散湿过程产生，直接作用于室内空气。空调设备的冷量和除湿量一般以直接送风的方式进入房间，对室内空气温湿度直接产生影响。

2. 地下建筑热湿环境数学模型

1) 室内空气热平衡方程

在通风均匀的情况下，可以认为室内空气温湿度均匀，因此可采用集总参数法处理房间内空气参数，即忽略空气相关参数随室内空间坐标的变化，则 $\tau$ 时刻地下室内空气热平衡方程为

表 3-3　实验厅上部围护结构传热负荷变化

| | 10 | 20 | 30 | 40 | 50 | 60 | 70 | 80 | 90 |
|---|---|---|---|---|---|---|---|---|---|
| 时间/d | 10 | 20 | 30 | 40 | 50 | 60 | 70 | 80 | 90 |
| 冷负荷/W | 173 582.6 | 138 050.00 | 119 559.0 | 107 561.65 | 98 908.90 | 92 261.33 | 86 933.71 | 82 532.28 | 78 811.73 |
| 时间/d | 100 | 110 | 120 | 130 | 140 | 150 | 160 | 170 | 180 |
| 冷负荷/W | 75 609.84 | 72 814.27 | 70 344.34 | 68 140.35 | 66 157.02 | 64 359.23 | 62 719.33 | 61 215.12 | 59 828.60 |
| 时间/d | 190 | 200 | 210 | 220 | 230 | 240 | 250 | 260 | 270 |
| 冷负荷/W | 58 544.96 | 57 351.89 | 56 239.07 | 55 197.78 | 54 220.55 | 53 301.00 | 52 433.59 | 51 613.50 | 50 836.53 |
| 时间/d | 280 | 290 | 300 | 310 | 320 | 330 | 340 | 350 | 360 |
| 冷负荷/W | 50 098.99 | 49 397.61 | 48 729.48 | 48 092.04 | 47 482.97 | 46 900.21 | 46 341.89 | 45 806.34 | 45 292.02 |
| 时间/d | 370 | 380 | 390 | 400 | 410 | 420 | 430 | 440 | 450 |
| 冷负荷/W | 44 797.56 | 44 321.69 | 43 863.27 | 43 421.25 | 42 994.65 | 42 582.60 | 42 184.28 | 41 798.92 | 41 425.85 |
| 时间/d | 460 | 470 | 480 | 490 | 500 | 510 | 520 | 530 | 540 |
| 冷负荷/W | 41 064.40 | 40 713.99 | 40 374.06 | 40 044.09 | 39 723.59 | 39 412.13 | 39 109.28 | 38 814.64 | 38 527.85 |
| 时间/d | 550 | 560 | 570 | 580 | 590 | 600 | 610 | 620 | 630 |
| 冷负荷/W | 38 248.56 | 37 976.45 | 37 711.21 | 37 452.55 | 37 200.21 | 36 953.93 | 36 713.47 | 36 478.61 | 36 249.11 |
| 时间/d | 640 | 650 | 660 | 670 | 680 | 690 | 700 | 710 | 720 |
| 冷负荷/W | 36 024.79 | 35 805.45 | 35 590.90 | 35 380.98 | 35 175.51 | 34 974.35 | 34 777.33 | 34 584.33 | 34 395.20 |
| 时间/d | 730 | 740 | 750 | 760 | 770 | 780 | 790 | 800 | 810 |
| 冷负荷/W | 34 209.81 | 34 028.05 | 33 849.79 | 33 674.92 | 33 503.34 | 33 334.94 | 33 169.62 | 33 007.30 | 32 847.88 |
| 时间/d | 820 | 830 | 840 | 850 | 860 | 870 | 880 | 890 | 900 |
| 冷负荷/W | 32 691.27 | 32 537.40 | 32 386.18 | 32 237.54 | 32 091.40 | 31 947.70 | 31 806.36 | 31 667.33 | 31 530.54 |
| 时间/d | 910 | 920 | 930 | 940 | 950 | 960 | 970 | 980 | 990 |
| 冷负荷/W | 31 395.92 | 31 263.43 | 31 133.01 | 31 004.60 | 30 878.15 | 30 753.61 | 30 630.94 | 30 510.08 | 30 391.00 |
| 时间/d | 1 000 | 1 010 | 1 020 | 1 030 | 1 040 | 1 050 | 1 060 | 1 070 | 1 080 |
| 冷负荷/W | 30 273.65 | 30 157.98 | 30 043.96 | 29 931.55 | 29 820.71 | 29 711.41 | 29 603.60 | 29 497.26 | 29 392.35 |

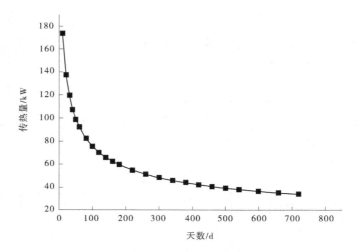

图 3-2　实验厅上部围护结构传热负荷变化特性

$$\rho_0 c_0 V \frac{\partial T_0}{\partial \tau} = \rho_0 c_0 G [ T_s - T_0(\tau) ] + Q + hA [ T_1(R,\tau) - T_0(\tau) ] \qquad (3-4)$$

式中:$\rho_0$ 为空气密度,kg/m$^3$;$c_0$ 为空气定压比热容,J/(kg·℃);$V$ 为房间体积,m$^3$;$T_0(\tau)$ 为 $\tau$ 时刻室内空气温度,℃;$G$ 为房间送风量,m$^3$/s;$T_s$ 为送风温度,℃;$Q$ 为室内各热源总散热量,W;$h$ 为空气与岩体壁面的对流换热系数,W/(m$^2$·℃);$A$ 为空气和岩体的接触面积,m$^2$;$T_1(R,\tau)$ 为 $\tau$ 时刻岩体壁面温度,℃。

2)室内空气湿平衡方程

利用含湿量描述室内空气湿度,同样采用集中参数法,忽略空气湿度随空间坐标的变化,建立 $\tau$ 时刻室内空气湿平衡方程:

$$\rho_0 V \frac{\partial D_0}{\partial \tau} = \rho_0 G [ D_s - D_0(\tau) ] + D \qquad (3-5)$$

式中:$D_0$ 为室内空气含湿量,kg/kg;$D_s$ 为送风含湿量,kg/kg;$D$ 为室内湿源散湿量,kg/s。

3)岩体导热微分方程

在空气热平衡方程的未知量中包含岩体的壁面温度,这就需要对岩体的导热过程进行求解。地下房间的围护结构导热过程为无限大物体非稳态导热问题。一般而言,导热问题有三类边界条件:第一类边界条件为定温边界条件,即认为壁面温度恒定;第二类边界条件为恒热流边界条件,即通过壁面的热流恒定;第三类边界条件为对流边界条件,即已知流体的恒定温度和对流换热系数。而对于本项目研究内容,预冷阶段室内空气温度处于不断的变化过程中,如前分析,其变化受室内热源、空调通风及岩体传热的影响,而空气温度的变化又会反过来影响岩体的导热过程,此时的导热边界条件称为耦合边界条件,也有文献称之为第四类边界条件。在该边界条件下,岩体导热微分方程需与空气热平衡方程联立求解。现对控制方程进行如下假设:

（1）常见的地下建筑几何形状主要分为两种：一种是长洞形，另一种是短洞形。长期实验观测表明，长期运行的长洞形地下建筑围护结构的各等温线近似于同心圆，并且沿长度方向形成的等温面可近似为同轴圆柱面，长洞形深埋地下建筑的传热过程受洞室几何条件影响较小，可将其近似为圆柱体的传热过程。而长期运行的短洞形地下建筑围护结构的各等温面可近似为同心球面，其热传导过程可近似为球体的热传导过程。因此，在本书中将整个地下实验厅岩体的导热过程视为一维非稳态半无限大圆柱的非稳态导热过程。

当量半径采用下式计算：

$$r_0 = \frac{洞室横截面的周长\ L_0}{2\pi} \tag{3-6}$$

则拱形部分当量半径为 33.4 m。

（2）对于半无限大物体的非稳态导热问题，在一定的时间内边界面处的温度扰动只能传播到有限程度，在此深度以外，物体仍保持初始状态。相关研究表明，对于外界温度呈周期性变化的半无限大平壁非稳态导热，深度大于 $1.6\sqrt{a\pi L_0}$ 时温度的振幅不到外界振幅的 0.01。因此，本书中岩体厚度完全能满足模型计算的精度要求。

（3）岩体壁面和室内空气的温差不大，辐射换热量和对流换热量相比很小，因此忽略辐射换热的影响。

在上述传热过程分析和假设的基础上，现建立岩体导热微分方程：

$$\frac{\partial T_1(\tau,r)}{\partial \tau} = a_1 \left[ \frac{\partial^2 T_1(\tau,r)}{\partial r} + \frac{1}{r} \frac{\partial T_1(\tau,r)}{\partial r} \right] \tag{3-7}$$

边界条件：

$$-\lambda_1 \left. \frac{\partial T_1(\tau,r)}{\partial r} \right|_{r=R} = h[T_0(\tau) - T_1(\tau,R)] \tag{3-8}$$

$$-\lambda_1 \left. \frac{\partial T_1(\tau,r)}{\partial r} \right|_{r=L} = 0 \tag{3-9}$$

初始条件：

$$T(0,r) = T_{wall} \tag{3-10}$$

式中：$T_1(r,\tau)$ 为 $\tau$ 时刻距壁面 $r$ 处的岩体温度，℃；$a_1$ 为岩体导温系数，$m^2/s$；$T_{wall}$ 为初始时刻岩体壁面的初始温度，℃。

### 3. 数学模型的离散

前文建立的地下空气热湿环境计算数学模型由偏微分方程组构成，利用有限差分的方法，将上述数学模型方程进行时间和空间上的离散，考虑岩体表面有衬砌的情况，划分空间节点如图 3-3 所示。

在对方程组进行离散时，其基本的方法是用差

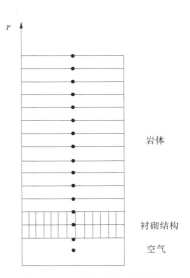

图 3-3　空间节点划分示意

商代替微商,以此将原来的偏微分方程组转化为代数方程组。各偏微分表达式的差分转化式如下,其中 $\tau$ 时刻对时间的偏导数采用向前差分,坐标 $r$ 的二阶偏导数用 $\tau$ 时刻的中心差分。

$$\frac{\partial T_1}{\partial r} = \frac{T_1(\tau, i + 1) - T_1(\tau, i)}{\Delta r} \quad (3-11)$$

$$\frac{\partial^2 T_1}{\partial r^2} = \frac{T_1(\tau, i + 1) - 2T_1(\tau, i) + T_1(\tau, i - 1)}{(\Delta r)^2} \quad (3-12)$$

$$\frac{\partial T_1}{\partial \tau} = \frac{T_1(\tau, i + 1) - T_1(\tau, i)}{\Delta \tau} \quad (3-13)$$

$$\frac{\partial T_0(\tau)}{\partial \tau} = \frac{T_0(\tau + 1) - T_0(\tau)}{\Delta \tau} \quad (3-14)$$

$$\frac{\partial D_0(\tau)}{\partial \tau} = \frac{D_0(\tau + 1) - D_0(\tau)}{\Delta \tau} \quad (3-15)$$

式中:$T_1(\tau, i)$ 为 $\tau$ 时刻岩体中 $i$ 节点的温度;$\tau_0(\tau)$ 为时刻空气节点的温度。

将上述差分表达式代入微分方程,可得各节点离散方程(3-16)～方程(3-21),即

岩体内节点 $2 \leqslant i \leqslant n_1$:

$$T_1(\tau + 1, i) = (F_1 + B)T_1(\tau, i + 1) + F_1 T(\tau, i - 1) + (1 - 2F_1 - B)T_1(\tau, i)$$
$$(3-16)$$

岩体与衬砌边界处节点 $i = n_1 + 1$:

$$T_1(\tau + 1, i) = \frac{\lambda_1'}{N}T_1(\tau, i + 1) + \frac{\lambda_1}{N}T_1(\tau, i - 1) + (1 - \frac{\lambda_1 + \lambda_1'}{N})T_1(\tau, i) \quad (3-17)$$

衬砌内节点 $n_1 + 2 \leqslant i \leqslant n - 2$:

$$T_1(\tau + 1, i) = (F_1 + B)T_1(\tau, i + 1) + F_1 T(\tau, i - 1) + (1 - 2F_1 - B)T_1(\tau, i)$$
$$(3-18)$$

壁面节点 $i = n - 1$:

$$T_1(\tau + 1, i) = \frac{F_1 + B}{1 + B_i}T_1(\tau, i - 2) + \frac{1 - 2F_1 - B}{1 + B_i}T_1(\tau, i - 1) + \frac{F_1}{1 + B_i}T_1(\tau, i) +$$
$$\frac{B_i}{1 + B_i}T_0(\tau)$$
$$(3-19)$$

空气节点 $i = n - 1$:

$$T_0(\tau + 1) = \left(1 - \frac{G\Delta\tau}{V} - \frac{hA\Delta\tau}{\rho_0 c_0 V}\right)T_0(\tau) + \frac{hA\Delta\tau}{\rho_0 c_0 V}T_1(i, \tau) + \frac{GT_s\Delta\tau}{V} + \frac{Q\Delta\tau}{\rho_0 c_0 V} \quad (3-20)$$

$$D_0(\tau + 1) = \left(1 - \frac{G\Delta\tau}{V}\right)D_0(\tau) + \frac{GD_s\Delta\tau}{V} + \frac{D\Delta\tau}{\rho_0 V} \quad (3-21)$$

其中:$B_i = \frac{h\Delta r}{\lambda_1'}, N = \frac{\Delta r^2(\rho_1 c_1 + \rho_1' c_1')}{2\Delta\tau}, F_1 = \frac{a\Delta\tau}{\Delta r^2}, B = \frac{a\Delta\tau}{r\Delta r}$

式中：$n$、$n_1$ 分别为单元内总节点数、岩体内节点数；$T_0(\tau)$ 为 $\tau$ 时刻空气节点温度，℃；$T_1(\tau,i)$ 为 $\tau$ 时刻岩体中 $i$ 节点温度，℃；$a_1$、$\rho_1$、$c_1$、$\lambda_1$ 分别为岩体层材料的导温系数（$m^2/s$）、密度（$kg/m^3$）、比热容 [$J/(kg \cdot K)$] 及导热系数 [$W/(m \cdot K)$]；$a_2$、$\rho_2$、$c_2$、$\lambda_2$ 分别为衬砌层材料的导温系数（$m^2/s$）、密度（$kg/m^3$）、比热容 [$J/(kg \cdot K)$] 及导热系数 [$W/(m \cdot K)$]；岩体层中导温系数 $a=a_1$，衬砌层中导温系数 $a=a_2$；$\Delta r$、$\Delta \tau$ 分别为网格间距和时间步长。

**4. 差分方程计算稳定性判断**

由于离散过程采用显式差分格式，所以必须保证式中各项的系数大于或等于零，否则会在不同时刻出现计算值波动的现象，这种现象被称为数值解的不稳定性，导致出现违反热力学第二定律的结论，因此要求网格间距和时间步长需满足以下不等式组：

$$\begin{cases} 1 - 2F_1 - B \geq 0 \\[2mm] 1 - \dfrac{\lambda_1 + \lambda_1'}{N} \geq 0 \\[2mm] 1 - \dfrac{G\Delta\tau}{V} - \dfrac{hA\Delta\tau}{\rho_0 c_0 V} \geq 0 \\[2mm] 1 - \dfrac{G\Delta\tau}{V} \geq 0 \end{cases} \tag{3-22}$$

经分析计算，只需 $\Delta\tau < \dfrac{\Delta r^2}{2a_1}$，则式（3-22）中各项系数均大于或等于零，即 $\Delta r > 0.001\,7 \times \sqrt{\Delta\tau}$。$\Delta r$、$\Delta\tau$ 越小，计算越精确，但计算时间越长。由于岩体的热惰性，温度变化并不剧烈，可适当增大 $\Delta\tau$，并适当减小 $\Delta r$，以保证在较短的计算时长下达到较好的精度。计算发现，选取 $\Delta r = 0.05$ m，$\Delta\tau = 300$ s，可以很好地满足这一要求。

**5. 计算程序编制**

利用 Matlab 编程求解上述方程组，计算程序框图如图 3-4 所示。

首先，输入岩体、空气的物性参数及室内热源散热量等基本参数；其次，依据对实验厅施工期的实测结果，给出岩体的初始温度和空气的初始温湿度；最后可迭代出下一时刻的岩体温度场分布及空气温湿度，迭代至设定的计算时间为止。由此可得出，在计算时间内岩体温度场、空气温湿度的逐时变化结

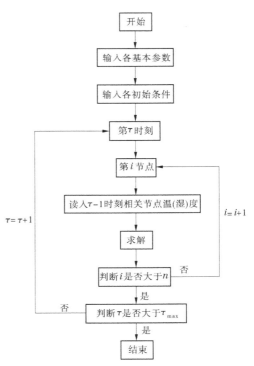

图 3-4　计算程序框图

果,换算成围护结构的传热负荷随时间的变化关系,如图3-5所示。

从图3-5中可知,实验厅上部围护结构传热的初始负荷较大,预冷期3个月平均传热量为109 kW,到第3个月末的时候,传热负荷已经降到79 kW,而经过两年的安装期,传热负荷基本稳定在38 kW左右;同时对比理论计算和仿真模拟的计算结果,发现理论计算值比仿真模拟结果高10%左右,误差在允许范围之内,说明了理论计算结果的可靠性。

### 3.3.1.3　围护结构各时期传热冷负荷统计

根据围护结构传热负荷变化特点,结合各项工期,将传热负荷分为4个阶段,分别为预冷期、安装期、灌装期和运行期。工期要求3个月将实验厅空气温度降到21 ℃左右并维持稳定,所以取围护结构前3个月的平均传热量作为预冷期的围护结构传热负荷;安装期为2年,取预冷期的最后1天(第90天)的传热量作为安装期的围护结构传热负荷;灌装期所用时间短,和运行期的负荷做相同处理,取安装期的最后1天(第730天)的传热量作为灌装期和运行期的围护结构传热负荷。

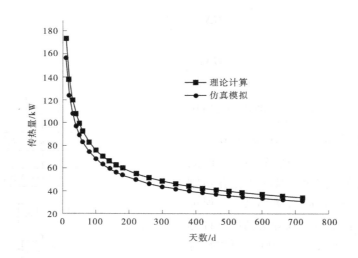

**图3-5　围护结构传热负荷随时间变化关系**

实验厅及附属洞室围护结构传热负荷计算见表3-4。

## 3.3.2　室外新风冷负荷计算

夏季空调新风冷负荷按下式计算:

$$Q_w = G_w(h_w - h_i) \tag{3-23}$$

式中:$Q_w$为夏季新风冷负荷,kW;$G_w$为新风量,kg/s;$h_w$为室外空气的焓值,kJ/kg;$h_i$为室内空气的焓值,kJ/kg。

根据当地室外空气参数表查焓湿图得

夏季室外空气焓值为:$h_{w1} = 88.47$ kJ/kg。

冬季室外空气焓值为:$h_{w2} = 15.48$ kJ/kg。

室内空气焓值:$t = 21$ ℃,$\varphi = 60\%$,焓值为 $h_i = 44.7$ kJ/kg;

$\quad\quad\quad\quad\quad t = 23$ ℃,$\varphi = 60\%$,焓值为 $h_i = 49.87$ kJ/kg。

室外新风负荷计算如表 3-5 所示:

表 3-4　实验厅及附属洞室围护结构传热负荷计算

| 房间 | 尺寸 | | | | | | 室温/℃ | 负荷 | | | |
|---|---|---|---|---|---|---|---|---|---|---|---|
| | 长/m | 宽/m | 竖壁高/m | 拱高/m | 表面积/m² | 当量半径/m | | 预冷期/W | 安装期/W | 灌装期/W | 运行期/W |
| 上部结构 | 56.2 | 49 | 11 | 16 | 8 199 | 18.75 | 21 | 108 689 | 75 609 | 34 209 | 34 209 |
| 下部水池 | $D = 43.5$ | | 44 | | 7 499 | 21.75 | 21 | 98 954 | 68 623 | 30 652 | 30 652 |
| 安装间 | 40 | 12 | 8.5 | 4 | 2 755 | 6.60 | 23 | 31 572 | 22 805 | 11 877 | 11 877 |
| 地下动力中心 | 19.8 | 10 | 5 | 3 | 1 093 | 4.77 | 23 | 12 666 | 9 327.36 | 5 175 | 5 175 |
| 液闪处理间 | 32 | 15 | 9.9 | 5.1 | 2 909 | 8.06 | 23 | 32 418 | 23 186 | 11 667 | 11 667 |
| 液闪灌装间 | 20 | 12 | 7.9 | 4.1 | 1 534 | 6.45 | 23 | 17 271 | 12 490 | 6 532 | 6 532 |
| 避难室 | 4.5 | 9 | 3.5 | 1.2 | 319 | 3.52 | 23 | 3 269.78 | 2 461.78 | 1 460 | 1 460 |
| 电子学间 1 | 20 | 10 | 3.5 | 3 | 1 012 | 4.24 | 23 | 11 859 | 8 804.44 | 5 009 | 5 009 |
| 电子学间 2 | 20 | 10 | 3.5 | 3 | 1 012 | 4.24 | 23 | 11 859 | 8 804.44 | 5 009 | 5 009 |
| 水净化室 1 | 32 | 12 | 5 | 3.4 | 1 804 | 5.32 | 23 | 9 231.45 | 15 780 | 8 562 | 8 562 |
| 干式厕所 | 2 | 1.5 | 2 | 0.5 | 27.28 | 1.06 | 23 | 453.47 | 384.81 | 301.97 | 301.97 |
| 1# 集水井泵房 | 10 | 7.6 | 4 | 2 | 458 | 3.62 | 23 | 5 398.41 | 4 055.31 | 2 389 | 2 389 |
| 空调水泵房 | 10 | 7.6 | 4 | 2 | 458 | 3.62 | 23 | 5 398.41 | 4 055.31 | 2 389 | 2 389 |
| 3# 集水井泵房 | 4.5 | 5.6 | 2 | 2 | 169 | 2.48 | 23 | 2 069.02 | 1 605.26 | 1 033 | 1 033 |
| 汇总 | | | | | | | | 351 108.54 | 257 991.71 | 126 264.97 | 126 264.97 |

表 3-5　室外新风负荷计算

| 房间 | 洞室体积/m³ | 冬季新风量/（m³/h） | 夏季新风量/（m³/h） | 冬季新风负荷/W | 夏季新风负荷/W |
|---|---|---|---|---|---|
| 上部结构 | 62 061.6 | 8 068.0 | 13 653.6 | -84 476.1 | 214 145.8 |
| 下部水池 | 65 391.4 | 8 500.9 | 14 386.1 | -89 008.5 | 225 635.3 |
| 安装间 | 7 454.9 | 969.1 | 1 640.1 | -11 942.8 | 22 685.0 |
| 地下动力中心 | 2 100.4 | 273.1 | 462.1 | -3 364.8 | 6 391.4 |
| 液闪处理间 | 9 012.0 | 1 171.6 | 1 982.6 | -14 437.2 | 27 423.2 |
| 液闪灌装间 | 3 604.2 | 468.6 | 792.9 | -5 774.0 | 10 967.6 |
| 避难室 | 366.2 | 47.6 | 80.6 | -586.6 | 1 114.2 |
| 电子学间 1 | 1 821.6 | 236.8 | 400.8 | -2 918.2 | 5 543.1 |
| 电子学间 2 | 1 821.6 | 236.8 | 400.8 | -2 918.2 | 5 543.1 |
| 水净化室 1 | 8 916.0 | 1 159.1 | 1 961.5 | -14 283.4 | 27 131.1 |
| 1# 集水井泵房 | 616.7 | 80.2 | 135.7 | -987.9 | 1 876.5 |
| 空调水泵房 | 616.7 | 80.2 | 135.7 | -987.9 | 1 876.5 |
| 3# 集水井泵房 | 136.1 | 17.7 | 29.9 | -218.1 | 414.2 |
| 汇总 | | 21 309.7 | 36 062.4 | -231 903.7 | 550 747.0 |

### 3.3.3　设备显热冷负荷

设备显热散热形成的计算时刻冷负荷,可按下式计算:

$$Q_s = q_s X_{\tau-T} \tag{3-24}$$

式中:$Q_s$ 为设备负荷,W;$q_s$ 为热源的显热散热量,W;$\tau$ 为计算时刻,h;$T$ 为热源投入使用的时刻,h;$\tau-T$ 为从热源投入使用的时刻到计算时刻的持续时间,h;$X_{\tau-T}$ 为设备、器具散热的冷负荷系数。

根据工程资料文件,确定实验厅和部分附属洞室设备负荷,如表 3-6 所示。

### 3.3.4　灯具照明冷负荷

灯具照明散热形成的冷负荷可按下式计算:

$$Q_r = 1.2 n_1 N X_{\tau-T} \tag{3-25}$$

式中:$n_1$ 为同时使用系数,一般可取 0.6~0.8,本设计中取 0.7;$N$ 为灯具的安装功率,W;

$\tau$ 为计算时刻，h；$T$ 为开灯时刻，h；$\tau-T$ 为从开灯时刻算起到计算时刻的持续时间，h；$X_{\tau-T}$ 为 $\tau-T$ 时间灯具散热的冷负荷系数，本项目全天 24 h 运行，取 1。

表 3-6　地下热源统计

| 序号 | 发热功率/kW | 位置 | 时段 | 备注 |
|---|---|---|---|---|
| 1 | 270 | 地下液闪间（冷水） | 安装及液闪灌装期 | 液闪纯化 |
| 2 | 100 | 地下液闪间（空调） | 安装及液闪灌装期 | 设备产生的热量 |
| 3 | 40 | 地下灌装间（空调） | 灌装期及运行期 | 泵组电动机、控制机箱发热 |
| 4 | 300 | 地下水池（水内热源）（冷水到纯水间） | 液闪灌装期及运行期 | 电子学及电缆发热（260）、线圈（50），水循环带走热量 |
| 5 | 230 | 地下纯水间 | 水池灌水期 | 水温从 23 ℃ 降低到 21 ℃ |
| 6 | 300 | 电子学间（空调） | 液闪灌装期及运行期 | 电子学机箱发热 |
| 7 | 40 | 地下装配间（空调） | 安装期 | 有机玻璃预拼接退火 |
| 8 | 400 | 地下水池（空调） | 安装期 | 有机玻璃球焊接退火 |
| 9 | 600 | 地面纯水间（冷水） | 水池灌水期 | 水温从 28 ℃ 降低到 23 ℃ |
| 10 | 1 000 | 地面液闪区 | 调试及液闪灌装期 | 单独设立水塔或冷水机组 |

说明：

（1）地下主要热功率产生的顺序如下：

①安装期（中心探测器有机玻璃球安装，液闪设备调试）：临时送风到水池内安装，实验设备最大热功率介于 400～759 kW；

②水池灌水期（地面、地下纯水间同时需要冷水）、液闪系统调试（部分负荷调试）：实验设备热功率介于 830～1 200 kW；

③液闪灌装期、电子学及水池运行：最大实验设备热功率 1 010 kW+地面纯水间水池补水所需少量冷水；

④实验运行期：水池、电子学间、液闪灌装间运行。最大实验设备热功率 640 kW+地面纯水间水池补水所需少量冷水。

（2）高峰期最大热功率约为 1 200 kW，实验长期运行热功率约为 650 kW。

（3）地面液闪区冷水需求，将由建立于临时冷水系统或水塔提供。

　　根据《建筑照明设计标准》（GB 50034—2013），确定实验厅及其附属洞室的照明功率密度，从而确定安装功率计算照明负荷，如表 3-7 所示。

## 3.3.5　人体显热冷负荷

　　本项目在安装期和灌装期，有 50 个工人作业，安装期主要集中在实验厅水池，灌装期主要在液闪间；在运行期，地下实验厅采用无人值守运行模式，实验值班室设置在地面综合办公楼内。每天只有 3～4 次维护人员巡视地下设施，每次巡视时间约 1 h。

表 3-7　照明负荷计算

| 房间 | 地面面积/m² | 照明功率密度/(W/m²) | 安装功率/W | 照明负荷/W |
|---|---|---|---|---|
| 上部结构 | 2 756.25 | 14 | 38 587.5 | 32 413.5 |
| 下部水池 | 1 485.4 | | | |
| 安装间 | 480 | 10 | 4 800.0 | 4 032.0 |
| 地下动力中心 | 198 | 4 | 792.0 | 665.3 |
| 液闪处理间 | 480 | 14 | 6 720.0 | 5 644.8 |
| 液闪灌装间 | 240 | 14 | 3 360.0 | 2 822.4 |
| 避难室 | 40.5 | | | |
| 电子学间 1 | 200 | 14 | 2 800.0 | 2 352.0 |
| 电子学间 2 | 200 | 14 | 2 800.0 | 2 352.0 |
| 水净化室 1 | 384 | 14 | 5 376.0 | 4 515.8 |
| 干式厕所 | 3 | 3 | 9.0 | 7.6 |
| 1#集水井泵房 | 76 | 4 | 304.0 | 255.4 |
| 空调水泵房 | 76 | 4 | 304.0 | 255.4 |
| 3#集水井泵房 | 25.2 | 4 | 100.8 | 84.7 |
| 汇总 | | | 65 953.3 | 55 400.9 |

人体显热散热形成的计算时刻冷负荷 $Q_\tau(\mathrm{W})$，按下式计算：

$$Q_z = \varphi n q_1 X_{\tau-T} \tag{3-26}$$

式中：$\varphi$ 为群体系数，取 1；$n$ 为计算时刻空调房间内的总人数；$q_1$ 为 1 名成年男子小时显热散热量，见表 3-8，21 ℃时取 112 W，23 ℃时取 96 W。

### 3.3.6　人体散湿与潜热冷负荷

人体散湿量按下式计算：

$$D_\tau = 0.001 \varphi n_\tau g \tag{3-27}$$

式中：$\varphi$ 为群集系数，取 1；$g$ 为 1 名成年男子的小时散湿量，见表 3-8，21 ℃取 184 g/h，23 ℃取 207 g/h；$n_\tau$ 为计算时刻空调区内的总人数。

表 3-8　1 名成年男子的散热量和散湿量

| 类别 | 室内温度/℃ | | | | | | | | |
|---|---|---|---|---|---|---|---|---|---|
| | 20 | 21 | 22 | 23 | 24 | 25 | 26 | 27 | 28 |
| 静坐：影剧院、会堂、阅览室等 | | | | | | | | | |
| 显热 $q_1$/W | 84 | 81 | 78 | 75 | 70 | 67 | 62 | 58 | 53 |
| 显热 $q_2$/W | 25 | 27 | 30 | 34 | 38 | 41 | 46 | 50 | 55 |
| 散湿 $g$/(g/h) | 38 | 40 | 45 | 50 | 56 | 61 | 68 | 75 | 82 |
| 极轻活动：办公室、旅馆、体育馆、小型元器件及商品的制造、装配等 | | | | | | | | | |
| 显热 $q_1$/W | 90 | 85 | 79 | 74 | 70 | 66 | 61 | 57 | 52 |
| 显热 $q_2$/W | 46 | 51 | 56 | 60 | 64 | 68 | 73 | 77 | 82 |
| 散湿 $g$/(g/h) | 69 | 76 | 83 | 89 | 96 | 102 | 109 | 115 | 123 |
| 轻度活动：商场、实验室、计算机房、工厂轻台面工作等 | | | | | | | | | |
| 显热 $q_1$/W | 93 | 87 | 81 | 75 | 69 | 64 | 58 | 51 | 45 |
| 显热 $q_2$/W | 90 | 94 | 101 | 106 | 112 | 117 | 123 | 130 | 136 |
| 散湿 $g$/(g/h) | 134 | 140 | 150 | 158 | 167 | 175 | 184 | 194 | 203 |
| 中等活动：纺织车间、印刷车间、机加工车间等 | | | | | | | | | |
| 显热 $q_1$/W | 118 | 112 | 104 | 96 | 88 | 83 | 74 | 68 | 61 |
| 显热 $q_2$/W | 117 | 123 | 131 | 139 | 147 | 152 | 161 | 168 | 174 |
| 散湿 $g$/(g/h) | 175 | 184 | 196 | 207 | 219 | 227 | 240 | 250 | 260 |
| 重度活动：炼钢车间、铸造车间、排练厅、室内运动场等 | | | | | | | | | |
| 显热 $q_1$/W | 168 | 162 | 157 | 151 | 145 | 139 | 134 | 128 | 122 |
| 显热 $q_2$/W | 239 | 245 | 250 | 256 | 262 | 268 | 273 | 279 | 285 |
| 散湿 $g$/(g/h) | 356 | 365 | 373 | 382 | 391 | 400 | 408 | 417 | 425 |

人体散湿形成的潜热冷负荷,按下式计算:

$$Q_\tau = \varphi n_\tau q_2 \tag{3-28}$$

式中:$q_2$ 为 1 名成年男子小时潜热散热量,见表 3-8,21 ℃取 123 W,23 ℃取 139 W。

### 3.3.7　壁面散湿

由于潮湿是地下建筑存在的重要问题,因此正确地分析和计算地下建筑的散湿量,是暖通空调设计中的一个重要依据。地下建筑湿源主要包括围护结构、工艺设备、化学反应、材料含水蒸发、人体及人为散湿和外部空气带入洞内的水分等。

影响围护结构表面散湿的主要因素如下:

(1)地质条件与季节。围护结构表面散湿量的多少与当地地质条件,岩石的破碎情况,地面水、地下水丰富与否,以及季节等有关。

(2)围护结构的形式。如毛洞、衬砌结构(贴壁式衬砌、离壁式衬砌)、衬套和内部构筑物(指洞内建房子)。

(3)围护结构的材料和厚度。如为毛洞,则岩石完整性好的传入湿量少,完整性差的传入湿量多。如为衬砌、衬套和内部构筑物,除与岩石情况有关外,还与衬砌材料、厚度和防水层的做法及材料有很大关系。

(4)洞室内空气温湿度。室内温度高,相对湿度大,则洞室内空气含湿量大,水蒸气分压力高,因而传入的湿量少。洞室内温度虽高,但相对湿度小,则壁面容易干燥,壁面水蒸气分压力就会变小,从而引起岩体内向壁面散湿的加大,即增加了壁面的散湿量。

(5)洞室内风速。围护结构表面散湿量与空气流速有关,风速越大,散湿量越大。

(6)建筑物的使用时间。使用时间长,岩体逐渐被烘干,散湿量逐渐减小。在设计新的地下建筑时,选用的散湿量应采用接近稳定时的数据。接近稳定的时间一般约为 90 d 后。

壁面散湿,存在前期和稳定期,不过相对传热达到稳定期的时间短,查看相关文献,稳定期花岗岩毛洞散湿量的工程经验在 5~6 g/(m² · h),本项目取 6 g/(m² · h)。

围护结构内表面的散湿量计算式见式(3-29),所得结果如表 3-9 中所示。

$$W = F\omega \tag{3-29}$$

式中:$F$ 为围护结构面积,m²;$\omega$ 为单位面积散湿量,本项目取 6 g/(m² · h)。

### 3.3.8　冷负荷汇总

将以上所有冷负荷分成 5 个时期进行汇总,见表 3-10:

为了更形象地展示不同时期、不同冷负荷的占比,绘制了柱状图(见图 3-6),由于预冷期、安装期、灌水期及灌装期时间在 2 个月至 2 年,时间较短,而运行期则长达 30 年之久,因此建议冷水机组的装机容量以运行期为准,同时考虑安全系数 1.1,定为 1 500 kW,而其他时期超出装机容量的负荷建议由备用及临时租赁的冷水机组来承担。

表 3-9　围护结构散湿量计算结果

| 房间 | 表面积/m² | 围护结构散湿/（kg/h） |
|---|---|---|
| 上部结构 | 8 199.19 | 49.20 |
| 下部水池 | 7 499.18 | 45.00 |
| 安装间 | 2 656.42 | 15.93 |
| 地下动力中心 | 1 023.83 | 6.15 |
| 液闪处理间 | 2 754.40 | 15.53 |
| 液闪灌装间 | 1 434.67 | 8.61 |
| 避难室 | 234.39 | 1.41 |
| 电子学间 1 | 942.73 | 5.67 |
| 电子学间 2 | 942.73 | 5.67 |
| 水净化室 1 | 1 804.84 | 11.88 |
| 干式厕所 | 25.73 | 0.15 |
| 1#集水井泵房 | 416.82 | 2.49 |
| 空调水泵房 | 416.82 | 2.49 |
| 3#集水井泵房 | 148.06 | 0.90 |
| 汇总 | | 171.08 |

表 3-10　负荷汇总　　　　　　　　　　　　　　　　单位：kW

| 时期 | 围护结构传热 | 人体显热 | 设备散热 | 照明负荷 | 新风负荷 | 潜热负荷 | 沿程冷量损失 | 总冷负荷 |
|---|---|---|---|---|---|---|---|---|
| 预冷期 | 363.4 | 0 | 0 | 0 | 550.75 | 35.96 | 167.22 | 1 117.33 |
| 安装期 | 260.1 | 5.85 | 440 | 63.17 | 550.75 | 42.86 | 239.84 | 1 602.57 |
| 灌水期 | 260.1 | 5.85 | 2 070 | 63.17 | 550.75 | 42.86 | 526.72 | 3 519.45 |
| 灌装期 | 127.4 | 5.85 | 1 240 | 63.17 | 278.93 | 26.56 | 306.57 | 2 048.48 |
| 运行期 | 127.4 | 0 | 640 | 63.17 | 278.93 | 26.56 | 199.95 | 1 336.01 |

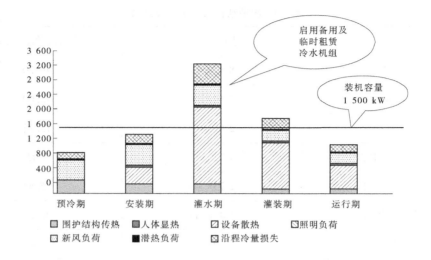

图 3-6　不同时期各冷负荷统计汇总　（单位:kW）

# 3.4　小　结

本章通过实地测试、理论计算和仿真模拟的方法,对空调通风系统冷负荷进行了分析计算,并得到以下结论及建议:

（1）在相同制冷量下,空气初始温度对温降时间影响不大,不同初始温度降温时间相差 15 h 以内,且随着制冷量的增大,温降时间之差逐渐减小,2 个月后岩壁温度基本降至 22 ℃。

（2）通过实地测试确定实验厅各项参数初始值,实验厅空气初始温度为 32 ℃,岩壁温度为 33 ℃,空气相对湿度为 90%,封闭氡浓度为 1 kBq/m³,新风换气次数为 0.22 次/h。

（3）围护结构传热冷负荷理论计算和仿真模拟的计算结果误差在 10% 左右,说明了理论计算结果的可靠性;由于运行期则长达 30 年之久,因此冷水机组的装机容量宜以运行期为准,同时考虑安全系数 1.1,定为 3 台 800 kW（运行期 2 用 1 备）,而其他时期超出装机容量的冷负荷可由备用及临时租赁的冷水机组来承担。

# 第 4 章　深埋大型洞群热压通风与环境温度

# 4.1　热压通风研究简述

由温差驱动的自然通风在地下建筑中广泛存在。

良好的作业环境是深埋地下空间施工的根本保证,施工期通风是控制深埋地下空间作业环境、保证人员安全和健康、预防职业病的主要技术手段,也是深埋地下空间施工中以人为本理念的重要体现。

江门中微子实验站深埋地下实验大厅、斜井、竖井的相对位置参见图 1-1。实验厅土建施工期间,地下洞室的通风空调系统尚未安装,施工环境高热高湿,严重影响施工人员的身心健康。此时,虽然竖井、斜井均已施工完成,且已连通,但由于实验厅埋深较大,自然对流通风较弱,且风的流向受外界影响较大,难以保证。

图 4-1 为经过简化的地下建筑模型。可以看出,地下大空间中共有一个局部热源,由左右两个通道通向地面。尽管各几何条件、热源条件及边界条件相同,该地下建筑仍可能出现如图 4-1 所示的两种流动状态。将该建筑模型分为左边竖井、底部建筑及右边竖井 3 个区域。在两种流动状态下,各区域的温度分布、热压分布和自然通风量将不同。该现象被称为热压分布的多态性,相关国内外文献也称其为自然通风的多解、自然通风的多态性或自然通风的多稳态现象。

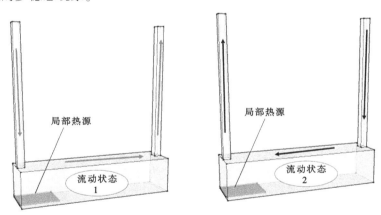

**图 4-1　具有单个局部热源的地下建筑可能存在的两种流动状态**

同一条件下,地下建筑中的热压、自然通风量和温度分布存在多种可能性。主要存在以下几个问题:

(1)复杂的地下建筑网络中,热压(风量、温度)可能的分布状态有哪些? 怎样预测出所有的可能状态?

(2)局部区域的空气热对流和地下空间网络的整体气流运动之间的关系是怎样的?

(3)某种具体的内部和外部条件下,实际将呈现哪种分布状态? 怎样实现希望的最佳分布状态?

(4)影响通风的条件改变时,热压及流动分布状态怎样演化?

上述问题是地下建筑自然通风设计与调控的基本问题,对地下建筑的室内热环境与安全影响重大。通过对该热压多态性的研究,有利于了解该现象的发生机制,并对热压的多态性进行判定,为安全高效地利用地下建筑的热压通风提供理论依据,避免不利的通风状态,诱导有利的通风状态,节约能源,保持安全的室内热环境,并最终更好地指导建筑设计和利用地下空间。

为了对江门中微子实验站深埋地下洞室的热压通风进行全面而系统的分析,采用了一维多区域网络模型法(LOOPVENT)和理论分析法等进行研究。

常规一维多区域模型中,各空间中流体假定是均匀分布的,空间内各点的压力和温度相等。通过求解各空间的质量守恒、能量守恒和压力平衡关系式,可以获得各空间的温度、热压和流量分布。为了使此类模型更加适合地下空间,尤其是深埋地下大空间建筑,提出通过多段"线性温度分布模型"来描述长直隧道中温度沿长度方向的分布规律。相关分析和测试表明,该"线性温度分布模型"相对"完全均匀混合模型",能更加准确地描述地下空间的温度分布,从而对热压的分布计算更加准确。

该模型是一个由节点和单元组成的基于回路平衡的网络模型。回路平衡的概念用于将物理模型转换为数学表达式。利用回路平衡的概念,用关联矩阵和独立回路矩阵表示回路网络的几何关系和拓扑关系。使用回路法建立控制方程,可以解决气流与热耦合问题。

### 4.1.1 基于回路的网络模型法的概念介绍

#### 4.1.1.1 单元和节点的定义

将深埋地下建筑中的大空间与周围交通排水廊道划分为相互连接的单元。单元中同时考虑了传热和气流的压力/质量平衡。图 4-2 是一个单元的示意图。对该单元进行了一些基本假设:①与实际空间的体积相同;②一维流动(单元的质量流量恒定、压力变化与流动阻力平衡、热平衡);③空气温度沿长度方向线性分布。

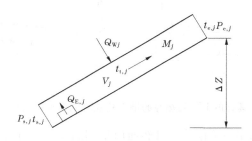

图 4-2　单元的示意图

节点是单元的端点。对节点进行如下假设:①没有体积;②没有温度;③有一个压力值;④当多个气流聚集在一个节点时,考虑为完全混合状态,即混合后各参数均匀统一,且混合所需的时间为零。

#### 4.1.1.2 竖井、斜井、交通排水廊道的划分

由于空气流动和围护结构表面之间的热交换,竖井、斜井、交通排水廊道内的温度和密度会沿途发生变化,当上述通道较长时,变化会很大。随着空气与壁面温差的减小,沿气流方向的换热逐渐减小。这导致了竖井、斜井、交通排水廊道内沿线气温的非线性变

化。根据相关研究资料,温度分布是长度的指数函数。为了简化计算,将上述通道分成几个相互连接的单元。假设每个小单元的温度为线性变化,以便在可接受的精度范围内计算传热量、空气温度和热压。

### 4.1.1.3　地下高大空间中单元的划分

江门中微子深埋地下空间高大宽敞,与四周交通排水廊道和附属洞室相连,因此具有多个进风口和出风口。因为一个单元只包含两个节点,所以只有具有两个开口的空间可以简化为一个单元。为了尽可能准确地反映空间内的空气温度分布,需要将空间划分为若干个单元。单元划分的原则是尽可能匹配一个空间内的实际传热、通风量和温度分布情况。

### 4.1.1.4　室外空气的虚拟单元

竖井、斜井与室外空气相连。由于位置和高度的不同,仅用一个节点来代表室外空气的状态是不合理的。通过将竖井和斜井的独立节点与虚拟单元连接起来,假设空气可以通过这些虚拟单元从一个节点流向另一个节点,以确保网络模型中的质量守恒、热平衡和压力平衡。在这些虚拟单元中,热压和流动阻力均为零。

利用虚拟单元的概念,将地下空间的热量释放到室外环境中,以保证模型的热平衡,即室外虚拟单元的温度始终等于相应位置的室外空气温度。

## 4.1.2　基于回路的网络

在网络模型中,基本参数是每个单元的质量流量 $M$。如果通风网络中有 $n$ 个单元(包括室外虚拟单元),则质量流量 $M$ 包含 $n$ 个未知数。首先,建立求解单元质量流量的控制方程组,包括节点质量流量平衡方程组[见式(4-1)]和回路压力平衡方程组[见式(4-2)]。回路压力平衡方程组中各单元的热压由各单元的空气温度分布决定。在单元的空气温度计算方程中,有两个参数:单元的质量流量 $M$ 和单元与围护结构之间的传热量 $Q_w$。因此,引入 $Z$ 传递系数法来计算传热量 $Q_w$。

以上描述表明,空气质量流量 $M$、空气温度 $T$ 和围护结构的传热量 $Q_w$ 是相互耦合的。

### 4.1.2.1　节点的质量流量平衡

在网络模型中,节点和单元构成多个闭式回路,每个节点都与多个单元相连。连接到同一节点的所有单元的质量流量之和等于零。假设网络中存在 $m$ 个节点,则质量流量平衡方程中的 $m-1$ 个方程是线性无关的,构成了节点的质量流量平衡方程组。网络中节点的质量流量平衡方程组表示为

$$A'M = 0 \tag{4-1}$$

其中 $A'$ 为 $(m-1) \times n$ 阶基本关联矩阵,$M$ 为 $n$ 维列向量,每个元素 $M_j(j=1 \sim n)$ 代表单元 $j$ 的质量流量。

### 4.1.2.2　回路的压力平衡方程组

对于每个单元,可以建立其两个端点(节点)的压力平衡方程。考虑到通风管网是由闭合回路组成的,将各单元的压力方程沿闭合回路叠加,得到该回路的压力平衡方程。在任何独立回路中,总动力和总流动阻力之和等于零,可得出:

$$C_f(\Delta P_r - P_d) = 0 \qquad (4\text{-}2)$$

式中：$C_f$ 为 $(n-m+1) \times n$ 阶独立回路矩阵；$\Delta P_r$ 为流动阻力矩阵；$P_d$ 为流动动力矩阵，$P_d = P_t + P_w + P_f$。

其中，$P_t$ 为由式（4-4）计算的单元的热压，$P_w$ 为与室外相连的单元的室外风压，$P_f$ 为由风机性能曲线确定的机械风机提供的压力。

式（4-1）包含 $m-1$ 个方程，式（4-2）包含 $n-m+1$ 个方程，方程总数为 $n$，它构成了求解 $n$ 个单元的质量流量的控制方程，但仍然需要 $P_t$、$P_w$、$\Delta P_r$ 和 $P_f$ 的补充方程。

流动阻力可以用下式表示：

$$\Delta P_{r,j} = \frac{U_j}{\rho_j} M_j{}^2 \qquad (4\text{-}3)$$

式中：$U_j$ 为体积流量阻抗系数，$m^{-4}$，由摩擦损失和局部损失确定；$\rho_j$ 为单元 $j$ 中的空气密度，$kg/m^3$。

一个单元的热压被定义为由单元内部空间和外部空间之间的密度差驱动的压力差。热压由单元的温度分布决定。

$$P_{t,j} = \int_j (\rho_0 - \rho_j) g\,\mathrm{d}z = \int_j \rho_0 \left(1 - \frac{273.15 + t_0}{273.15 + t_{t,j}}\right) g\,\mathrm{d}z = \rho_0 \left(1 - \frac{273.15 + t_0}{273.15 + \dfrac{t_{s,j} + t_{e,j}}{2}}\right) g \cdot \Delta z$$

$$(4\text{-}4)$$

式中：$\mathrm{d}z$ 为高度差的微分表达形式，m；$\Delta z$ 为单元进出口的垂直高差，m；$t_0$ 为环境空气温度，℃；$t_{s,j}$ 为第 $j$ 个单元的起点空气温度，℃；$t_{e,j}$ 为第 $j$ 个单元末端的空气温度，℃；$\rho_0$ 为外界环境空气密度，$kg/m^3$。

可以看出，在线性温度分布的假设下，单元的热压可以通过单元进出口的空气温度来计算。

### 4.1.3 围护结构传热量 $Q_w$、空气温度 $T$ 和质量流量 $M$ 的耦合计算

为了利用该网络模型预测地下建筑的自然通风状况，所需的输入参数应包括单元的几何尺寸和拓扑关系、围护结构的热物性参数、空间布局、容量、热源的运行时间表和典型年的逐时气象参数。未知参数包括单元的空气温度、围护结构与内部气流之间的传热以及气流质量流量等，其耦合关系如图4-3所示。

采用洋葱法来反映气流和传热之间的相互耦合作用。在耦合过程中，通过代数运算和传热模型与流动网络模型计算之间的反复迭代，达到收敛时，计算将进入下一时间步长。

在网络模型中，独立回路的压力平衡方程是非线性的，用牛顿法求解。深埋结构的围护结构由厚重的岩土组成。通过这些材料的热传递时间可以长达一年甚至更长。首先，计算一年中每天的平均通风状况和热环境状况。然后，根据这些日计算结果，进行逐时计算，预测自然通风状况。计算逐时结果和逐日结果的程序是相似的。

完整的多区域网络通风计算过程，首先，需要准备模型的输入参数，包括节点和单元的编号、流动阻抗系数、热源强度和位置、单元的热物性参数、热源的运行时间表等。此

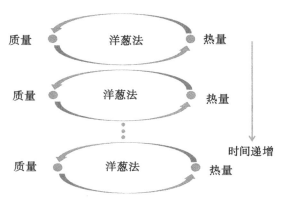

图 4-3　质量与热量之间的耦合

外,还需要建立网络模型的矩阵,并计算作为网络通风计算所需输入的围护结构 $Z$ 传递系数。然后,为实现上述洋葱耦合法,将空气流量和热传导计算结合起来反复交换数据,耦合计算。最后,继续进行下一个时间步骤,并重复整个计算过程。

实验厅及探测器水池开挖及施工照片见图 4-4、图 4-5。

图 4-4　700 m 深的中微子实验厅水池开挖照片

## 4.2　3DE 仿真研究

针对施工期间存在的作业面闷热潮湿问题,项目研究团队采用 3DE 仿真软件对深埋大型复杂洞群环境温度与热压通风的关系进行了深入的研究。主要研究内容如下:

(1)以施工期实验厅为研究对象,研究 2 m/s 流速下实验厅内流场及温度场的分布情况;

(2)增加均匀分布的体热源,研究热源对实验厅内流场及温度场的影响;

(3)以风机参数为基础,研究不同的风机布置形式对流场及温度场的影响;

(4)以降低实验厅内环境温度为目标,从仿真角度提出可行性方案。

图 4-5　700 m 深的中微子探测器水池施工照片

## 4.2.1　边界条件及参数

根据包括实验厅在内的洞群几何数据,确定边界条件如下:

(1)竖井入口风温 22 ℃;

(2)竖井入口风速,自然对流工况拟定 2 m/s;含风机时,总压入口;

(3)斜井出口风温 30.3 ℃;

(4)壁面恒定温度 32 ℃。

根据分析工况的不同,竖井入口的风速设置会有所差异。详细的洞群边界条件设置如图 4-6 所示。

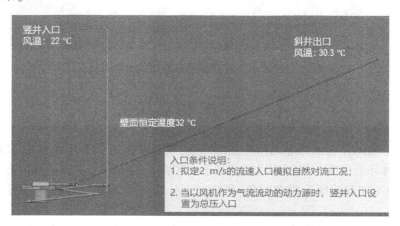

图 4-6　洞群边界条件设置

风机作为洞室内引导气流的主要装置,其性能模拟的准确与否将直接影响仿真结果。工程上常用简化的几何模型来代表风机,并用流量压降曲线来近似模拟风机的效果。

现有的风机相关参数如图 4-7 所示。经讨论,选择其中风机型号为 SDS-6.3 的相关参数作为风机模拟的条件输入。经整理,风机的相关参数如表 4-1 所示。风机的简化模型如图 4-8 所示。

| 风机型号 | 风量/ (m³/s) | 出口风速/ (m/s) | 电机 | | | 不带有消声器 | | | 带消声器 | | | | | | |
|---|---|---|---|---|---|---|---|---|---|---|---|---|---|---|---|
| | | | 转速/ (r/min) | 功率/ kW | 风机功率/ kW | 推力/ N | 声压/ dB(A) | 重量/ kg | 1D | | | | 2D | | |
| | | | | | | | | | 推力/ N | 声压/ dB(A) | 声功率/ dB(A) | 重量/ kg | 推力/ N | 声压/ dB(A) | 重量/ (kg |
| SDS-6.3 | 8.1 | 26.0 | 2900 | 7.5 | 6.8 | 247 | 78 | 135 | 244 | 68 | 96 | 245 | 239 | 64 | 322 |
| | 9.0 | 28.9 | | 11 | 8.4 | 305 | 79 | 182 | 302 | 69 | 97 | 292 | 296 | 65 | 369 |
| | 9.9 | 31.8 | | 11 | 10.1 | 369 | 80 | 182 | 365 | 70 | 98 | 292 | 358 | 66 | 369 |
| | 10.8 | 34.7 | | 15 | 12.0 | 439 | 81 | 190 | 435 | 71 | 99 | 300 | 436 | 67 | 377 |
| | 11.7 | 37.5 | | 15 | 14.1 | 513 | 82 | 190 | 508 | 72 | 100 | 300 | 498 | 68 | 377 |
| | 12.7 | 40.6 | | 18.5 | 17.2 | 602 | 84 | 212 | 596 | 74 | 102 | 322 | 584 | 70 | 399 |

**图 4-7　现有风机相关参数**

**表 4-1　整理后风机相关参数**

| 风机总长 | 1 270 mm |
|---|---|
| 风机直径 | 740 mm |
| 风机流量 | 12.7 m³/s |
| 风机压降 | 1 924.5 Pa |

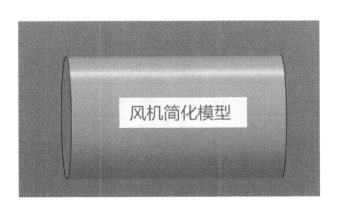

**图 4-8　风机简化模型**

　　为更贴近运行期间洞室内的实际运转情况,考虑人体散热及机器运行产生的热量,采用均布体热源的方式近似模拟上述影响因素。体热源设置共有 2 种规格,其中 1~9 号体热源以均布的方式分布在地下洞室各处,体热源 10 则布置在实验厅中央。体热源的布置位置如图 4-9 所示。体热源的几何模型及材料参数如图 4-10 及表 4-2 所示。

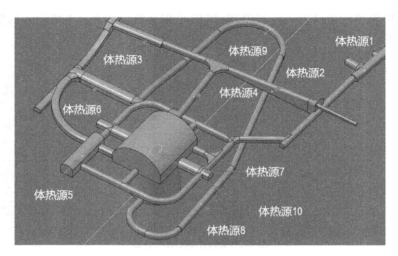

图 4-9　体热源布置位置

 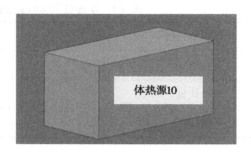

图 4-10　体热源几何模型

表 4-2　体热源相关参数

| 参数 | 体热源 1~9 | 体热源 10 |
| --- | --- | --- |
| 几何尺寸 | 0.5 m×0.5 m×1.8 m | 5 m×5 m×10 m |
| 总发热量 | 60 W | 3 000 W |
| 材料密度 | 2 330 kg/m² | |
| 比热容 | 712 J/(K·kg) | |
| 传热系数 | 130 W/(m²·K) | |

## 4.2.2　仿真通用设置

仿真采用稳态计算,使用 Realizable k-e 湍流模型,根据分析工况的不同,竖井入口可设置为速度入口或总压入口,斜井出口设置为压力出口,出口压力为 0。仿真假设为不可压缩流动,空气密度为 1.205 kg/m³,动力黏度为 $1.85×10^{-5}$ Ns/m³,传热系数为 0.026 W/(m·K),比热容为 1 006.92 J/(K·kg)。仿真模型设置如图 4-11 所示。

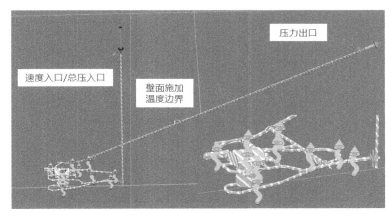

图 4-11 仿真模型设置

## 4.2.3 网格划分

相较于实验厅模型,整个地下洞室的几何模型尺寸更为庞大,故仍采用相对较粗的网格划分方法,在保证计算精度的同时,降低仿真对资源的需求,以提高仿真效率。网格划分尺寸为 400~4 000 mm。边界层尺寸为 40 mm,共划分 5 层。对体热源 1~9 进行网格加密,加密尺寸为 100 mm。对体热源 10 进行网格加密,加密尺寸为 500 mm。体热源加密的目的是保证几何特征的准确性,便于后续计算时对表面平均温度的统计。网格划分及加密情况如图 4-12 所示。

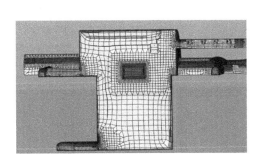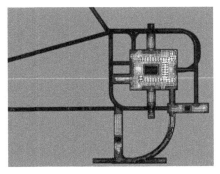

图 4-12 体热源网格划分及加密

## 4.2.4 计算收敛性

仿真采用稳态计算,每个工况均迭代 6 000 个时间步,计算收敛性良好。动量残差和能量残差收敛曲线示例如图 4-13、图 4-14 所示。

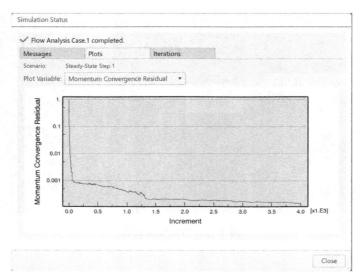

图 4-13　动量残差收敛曲线

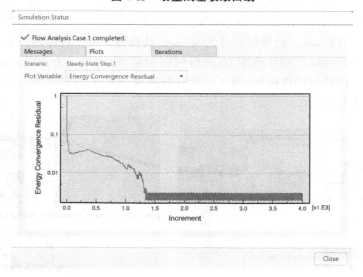

图 4-14　能量残差收敛曲线

# 4.3　结果分析

## 4.3.1　工况 1：自然对流工况

以 2 m/s 的速度入口近似模拟自然对流的工况,通过对该工况的分析,了解并掌握地下洞室群内气流流动的状态及温度场的近似分布。工况 1 说明如图 4-15 所示。

速度场总体速度分布云图如图 4-16 所示。洞室内总体的速度分布在 2.74 m/s 以内。从速度流线可知,中央洞室及其连接的底部隧道内,气流流速较低。当气流进入斜井

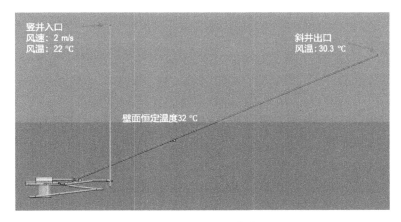

图 4-15 工况 1 说明

时,由于截面面积骤减,气流流速又有明显提升。

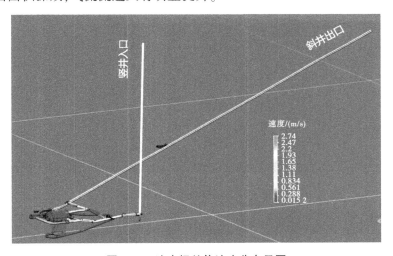

图 4-16 速度场总体速度分布云图

速度场分布细节流线如图 4-17 所示。流速提高区、低流速区及流动滞止区示意如图 4-17 中箭头标注。竖井至中央洞室段隧道内流速为 1~2 m/s。中央洞室内气流流速极低,流速在 0.1 m/s 左右。除滞流区外的其他洞室及隧道,其内的气流流速分布在 1 m/s 以内。

温度场总体分布云图如图 4-18 所示。温度场总体分布范围为 22~32 ℃。竖井入口气流温度较低,在前半程(竖井至中央洞室)可达到明显降低洞室内温度的效果。随着热交换的不断进行,低温气体温度不断升高,对后半程(中央洞室至斜井)的降温效果减弱,洞室内温度趋近于壁面温度。

温度场分布细节流线如图 4-19 所示。竖井底部温度约为 27 ℃,竖井底部至中央洞室段温度升高至 30 ℃,其余段温度均在 30 ℃以上。

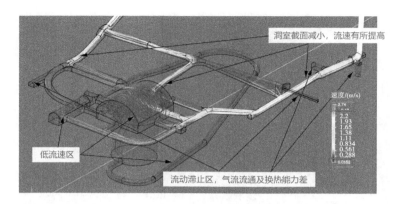

图 4-17　速度场分布细节流线

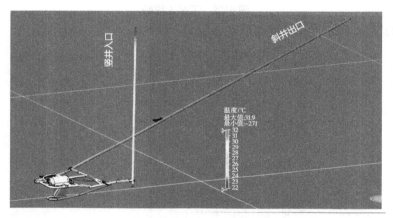

图 4-18　温度场总体分布云图

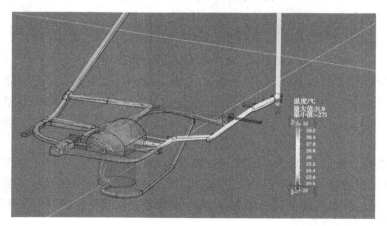

图 4-19　温度场分布细节流线

### 4.3.2　工况 2:自然对流+体热源工况

以工况 1,即 2 m/s 的速度入口近似模拟自然对流的工况为基础,增加体热源,分析体热源对地下洞室流场及温度场的影响。工况 2 说明如图 4-20 所示。

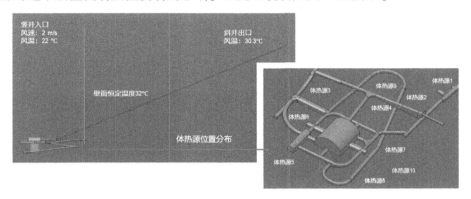

图 4-20　工况 2 说明

速度场流线对比如图 4-21 所示。增加体热源后,由于体热源自身的阻塞效应,会对地下洞室内局部气流的流速及流态产生影响,但对整体速度场的分布规律影响不大。

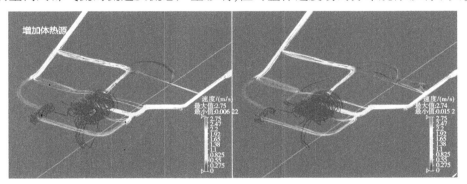

图 4-21　速度场流线对比

温度场流线对比如图 4-22 所示。增加体热源后,与体热源相接触的空气温度会有所增加,但空气为热的不良导体,故体热源的加入对整体温度场的分布变化影响不大。

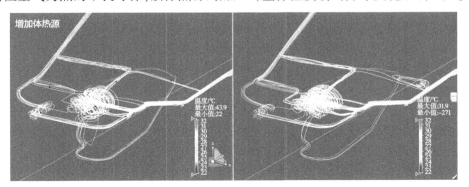

图 4-22　温度场流线对比

以体热源 10 为例,其沿 $Y$ 轴方向的切面图如图 4-23 所示。由温度场的分布可知,增加体热源后仅会对其周围较小范围的气体产生加热效应,其余部分的温度场分布基本与工况 1 相同。

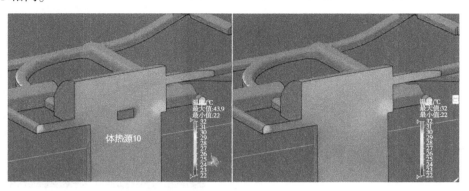

图 4-23　温度场切面图对比

竖井入口流量、斜井出口温度、体热源 1~10 分布位置、表面平均温度统计如图 4-24 所示。体热源 1~9 设置的总体发热量相同,但由于其所处位置的气流温度及对流换热能力不同,流场稳定后其表面温度会有差异。

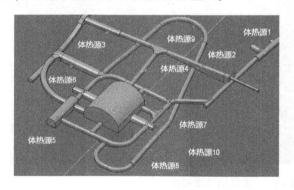

| 入口流量 | 55.65 kg/s |
| --- | --- |
| 体热源1表面温度 | 28.48 ℃ |
| 体热源2表面温度 | 32.46 ℃ |
| 体热源3表面温度 | 33.77 ℃ |
| 体热源4表面温度 | 33.44 ℃ |
| 体热源5表面温度 | 43.84 ℃ |
| 体热源6表面温度 | 34.62 ℃ |
| 体热源7表面温度 | 31.34 ℃ |
| 体热源8表面温度 | 42.07 ℃ |
| 体热源9表面温度 | 37.63 ℃ |
| 体热源10表面温度 | 40.98 ℃ |
| 出口温度 | 31.63 ℃ |

图 4-24　关注参数统计

### 4.3.3　工况 3:体热源+风机排布 1 工况

工况 3 以工况 2 为基础,利用风机作为气流引导装置,引导冷却气流从竖井入口进入洞室。分析冷却气流由风机引导进入地下洞室对其内部流场及温度场的影响。考虑风机安装性问题,将风机布置在竖井入口下方靠近竖井的洞室内。工况 3 说明如图 4-25 所示。

增加风机后,工况 3 的速度场总体流线分布云图如图 4-26 所示。与工况 2 的速度场流线对比发现,风机在前半程能起到明显提升气流流速作用。但中央洞室及相邻隧道内气流流速无明显改善。洞室内整体气流流动状态变化明显,包括气流流速、气流分布及气流流动的均匀性。

从速度场的局部对比可知,中央洞室及相邻隧道内的气流流速无明显改善。另气流分布的位置、流量分布及流动均匀性变化明显,如图 4-27 所示。其中,风机处的气流流态变化及流动的均匀性变化明显,如图 4-28 所示。

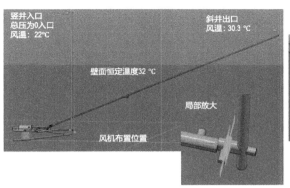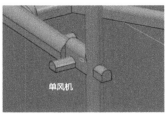

图 4-25　工况 3 说明

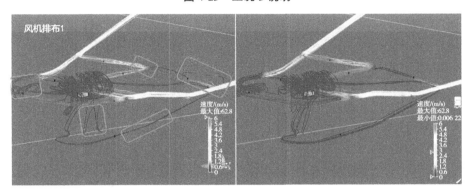

图 4-26　速度场总体流线对比

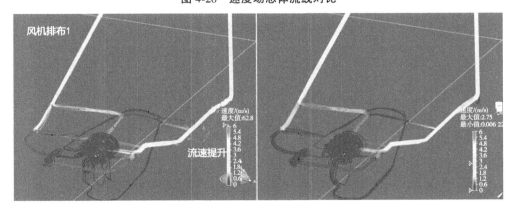

图 4-27　局部速度场流线对比

增加风机后,工况 3 的温度场总体流线分布云图如图 4-29 所示。与工况 2 的温度场流线对比发现,风机排布 1 方案对整体温度场的分布影响不大。且风机的加入虽能明显提升局部洞室内的气流流速,但未能起到明显降低洞室内气流温度的效果。

从风机处的局部温度场流线图对比中发现,风机处气流紊乱,其换热能力增强,低温气流升温,不利于后续的对流换热。风机处温度场的差异如图 4-30 中所示。

工况 3 与工况 2 的竖井入口流量、斜井出口温度、体热源 1~10 表面平均温度统计如

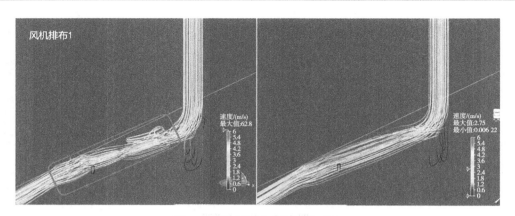

图 4-28　风机处速度场流线对比

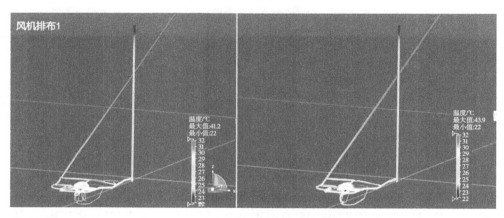

图 4-29　温度场总体流线对比

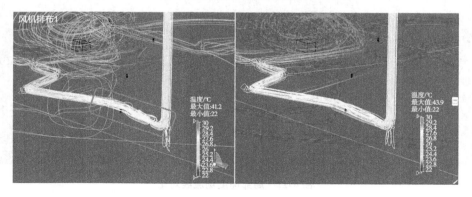

图 4-30　风机处温度场流线对比

表 4-3 所示。通过对比可知,工况 3 的入口冷却气流流量有所增加。另受流场因素的影响,工况 3 相较于工况 2,体热源 1~10 表面平均温度的变化无明显规律。

表4-3　工况2、3关注参数统计

| 参数 | 工况3：体热源+风机排布1 | 工况2：自然对流+体热源 |
|---|---|---|
| 入口流量/(kg/s) | 73.87 | 55.65 |
| 体热源1表面温度/℃ | 28.48 | 28.48 |
| 体热源2表面温度/℃ | 32.12 | 32.46 |
| 体热源3表面温度/℃ | 33.20 | 33.77 |
| 体热源4表面温度/℃ | 32.82 | 33.44 |
| 体热源5表面温度/℃ | 41.19 | 43.84 |
| 体热源6表面温度/℃ | 34.02 | 34.62 |
| 体热源7表面温度/℃ | 31.07 | 31.34 |
| 体热源8表面温度/℃ | 39.93 | 42.07 |
| 体热源9表面温度/℃ | 36.35 | 37.63 |
| 体热源10表面温度/℃ | 38.94 | 40.98 |
| 出口温度/℃ | 31.63 | 31.63 |

## 4.3.4　工况4：体热源+风机排布2工况

工况4以工况3为基础，考虑利用风机的并联布置，进一步增加从竖井入口流入的冷却气流流量，并分析该布置方式对地下洞室内部流场及温度场的影响。工况4的说明如图4-31所示。

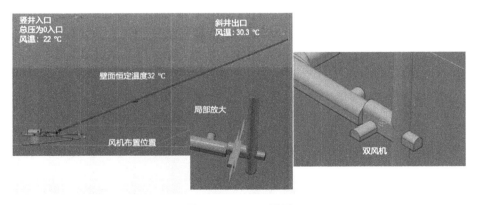

图4-31　工况4说明

工况4与工况3的速度场流线对比如图4-32所示。通过对比可知，工况4中，风机并联布置可以增大冷却气流的进气量，同时能够提升前半程的气流流速。

工况4下，与中央洞室相邻的隧道内，气流流速会有明显的改善，但中央洞室内的气流流速仍旧较低。

工况4与工况3的总体温度场流线对比如图4-33所示。通过对比可知，工况4中，

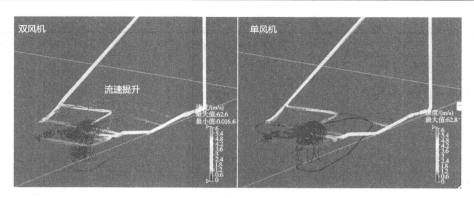

图 4-32　速度场流线对比

风机的并联布置可以降低前半程至中央洞室段的环境温度,但降温效果有限。想要降低整个洞室内的环境温度,气流温差仍是主要影响因素。

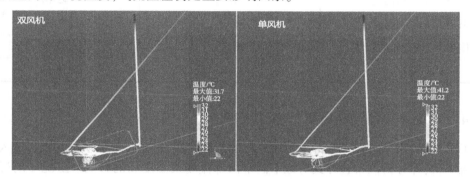

图 4-33　总体温度场流线对比

工况 4 与工况 3 的局部温度场流线对比如图 4-34 所示。通过对比可知,工况 4 中,风机的并联布置可以将更多洞室内的环境温度控制在 30 ℃以内。此外,前半程气流的升温相较于工况 3 有所减慢,即前半程气流升温越慢,越有利于降低后面洞室内的环境温度。

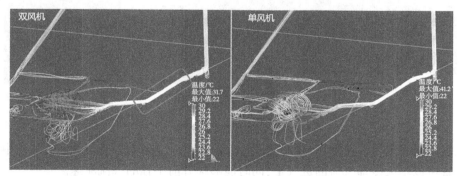

图 4-34　局部温度场流线对比

工况 4 与工况 3 的竖井入口流量、斜井出口温度、体热源 1~10 表面平均温度统计如表 4-4 所示。通过对比可知,工况 4 的入口冷却气流流量有所增加。另相较于工况 3,工况 4 下的体热源 1~10 表面平均温度有明显降低。

**表 4-4　工况 3.4 关注参数统计**

| 参数 | 工况 4:体热源+风机排布 2 | 工况 3:体热源+风机排布 1 |
|---|---|---|
| 入口流量/(kg/s) | 110.61 | 73.87 |
| 体热源 1 表面温度/℃ | 27.91 | 28.48 |
| 体热源 2 表面温度/℃ | 31.16 | 32.12 |
| 体热源 3 表面温度/℃ | 32.20 | 33.20 |
| 体热源 4 表面温度/℃ | 31.83 | 32.82 |
| 体热源 5 表面温度/℃ | 38.29 | 41.19 |
| 体热源 6 表面温度/℃ | 32.65 | 34.02 |
| 体热源 7 表面温度/℃ | 30.20 | 31.07 |
| 体热源 8 表面温度/℃ | 36.96 | 39.93 |
| 体热源 9 表面温度/℃ | 34.66 | 36.35 |
| 体热源 10 表面温度/℃ | 36.70 | 38.94 |
| 出口温度/℃ | 31.53 | 31.63 |

## 4.3.5　工况 5:体热源+风机排布 3 工况

工况 4 风机的并联布置在降低洞室内环境温度及体热源表面温度上均优于工况 3 单风机的布置。工况 5 以工况 4 为基础,考虑进一步将冷却气流引入中央及后部洞室。依旧利用并联风机的布置方式,以工况 4 的分析结果为基础,在气流流速减弱区域配置并联风机,共计 6 台。并分析该种布置方式对地下洞室内部流场及温度场的影响。工况 5 的说明如图 4-35 所示。

工况 5 与工况 4 的总体速度场流线对比如图 4-36 所示。通过对比可知,工况 5 中,6 风机布置的方式可以明显增大冷却气流的进气量,同时提升前半程的气流流速。此外,6 风机布置的方式对中央洞室及其相邻隧道内的气流流速有明显改善。由于气流流态的变化,局部气流流速会比双风机布置时有所降低。

工况 5 与工况 4 的总体温度场流线对比如图 4-37 所示。通过对比可知,工况 5 中,6 风机布置的方式虽然提升了前半程的气流流速,但气流分布及流动均匀性的变化会导致局部换热能力的增强,进而导致冷却气流的升温较快。

结合前几个方案的仿真结果,可以推断,相较于气流的流速,温差控制仍是降低洞室内环境温度的主要措施。且相较于紊乱的气流,流动均匀性较好的气流更有利于延缓冷却气流的升温。

工况 5、工况 4 及工况 3 的竖井入口流量、斜井出口温度、体热源 1~10 表面平均温度

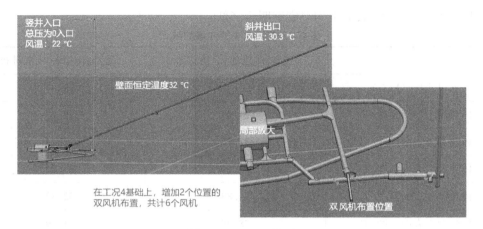

图 4-35　工况 5 说明

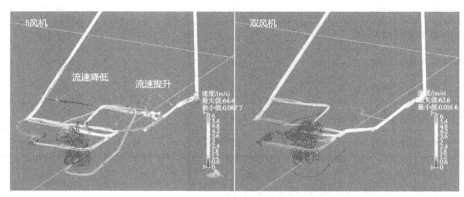

图 4-36　总体速度场流线对比

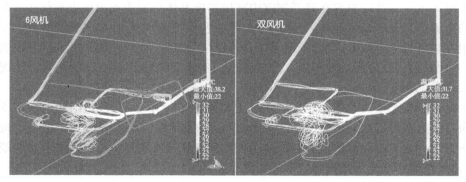

图 4-37　总体温度场流线对比

统计如表 4-5 所示。通过对比可知,工况 5 的入口冷却气流流量有所增加。但相较于工况 4,体热源 1~10 表面平均温度的变化并无明显规律。

表 4-5　工况 3~5 关注参数统计

| 参数 | 工况 5:体热源+风机排布 3 | 工况 4:体热源+风机排布 2 | 工况 3:体热源+风机排布 1 |
|---|---|---|---|
| 入口流量/(kg/s) | 139.2 | 110.61 | 73.87 |
| 体热源 1 表面温度/℃ | 27.49 | 27.91 | 28.48 |
| 体热源 2 表面温度/℃ | 32.73 | 31.16 | 32.12 |
| 体热源 3 表面温度/℃ | 38.19 | 32.20 | 33.20 |
| 体热源 4 表面温度/℃ | 31.34 | 31.83 | 32.82 |
| 体热源 5 表面温度/℃ | 35.91 | 38.29 | 41.19 |
| 体热源 6 表面温度/℃ | 32.00 | 32.65 | 34.02 |
| 体热源 7 表面温度/℃ | 30.00 | 30.20 | 31.07 |
| 体热源 8 表面温度/℃ | 34.49 | 36.96 | 39.93 |
| 体热源 9 表面温度/℃ | 33.32 | 34.66 | 36.35 |
| 体热源 10 表面温度/℃ | 34.60 | 36.70 | 38.94 |
| 出口温度/℃ | 31.64 | 31.53 | 31.63 |

## 4.3.6　工况 6:体热源+风机排布 4 工况

结合前几个工况的分析结果,工况 6 仍考虑利用风机的并联布置来增大冷却气流的进气量,同时考虑将布置位置提前,靠近竖井入口,以保证后续气流流动的均匀性。工况 6 的说明如图 4-38 所示。

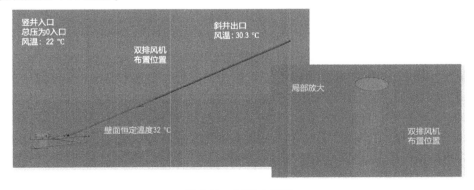

图 4-38　工况 6 说明

前几个工况中降温效果最佳的工况为工况4。工况6与工况4的总体速度场流线对比如图4-39所示。通过对比可知,工况6中,双风机靠竖井入口布置的方式可以增大冷却气流的进气量,同时可以提升前半程的气流流速。双风机靠竖井入口布置的方式对中央洞室及相邻隧道内的气流流速均有明显改善。双风机靠竖井入口布置的方式对前半程气流流动的均匀性亦有明显改善。

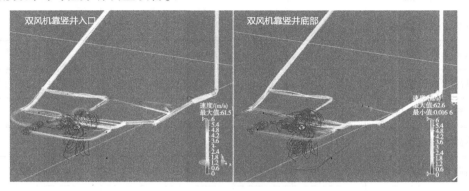

图 4-39　总体速度场流线对比

工况6与工况4的风机处的速度场流线对比如图4-40所示。通过对比可知,工况6中,双风机靠竖井入口布置的方式对前半程气流流动的均匀性有明显改善。

工况6与工况4的总体速度场流线对比如图4-40所示。通过对比可知,工况6中双风机靠竖井入口布置的方式与工况4相比,仍可进一步降低前半程至中央洞室段的环境温度,但降温效果依旧有限。

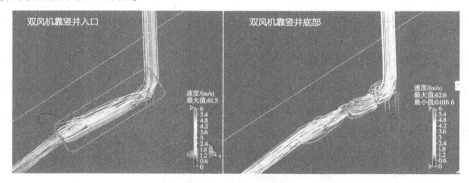

图 4-40　风机处速度场流线对比

结合之前所有的风机布置方案可以推断,想要降低整个地下洞室的环境温度,仅靠风机的作用难以完成,需在后半程补充低温冷却气流进行降温。

工况6与工况4的竖井入口流量、斜井出口温度、体热源1~10表面平均温度统计如表4-6所示。通过对比可知,工况6的入口冷却气流流量略有增加。另相较于工况4,工况6下的体热源1~10表面平均温度均有所降低。

表 4-6　工况 3、4、6 关注参数统计

| 参数 | 工况 6:体热源+<br>风机排布 4 | 工况 4:体热源+<br>风机排布 2 | 工况 3:体热源+<br>风机排布 1 |
|---|---|---|---|
| 入口流量/(kg/s) | 144.56 | 110.61 | 73.87 |
| 体热源 1 表面温度/℃ | 27.74 | 27.91 | 28.48 |
| 体热源 2 表面温度/℃ | 30.67 | 31.16 | 32.12 |
| 体热源 3 表面温度/℃ | 31.74 | 32.20 | 33.20 |
| 体热源 4 表面温度/℃ | 31.28 | 31.83 | 32.82 |
| 体热源 5 表面温度/℃ | 36.04 | 38.29 | 41.19 |
| 体热源 6 表面温度/℃ | 32.14 | 32.65 | 34.02 |
| 体热源 7 表面温度/℃ | 29.77 | 30.20 | 31.07 |
| 体热源 8 表面温度/℃ | 35.64 | 36.96 | 39.93 |
| 体热源 9 表面温度/℃ | 33.89 | 34.66 | 36.35 |
| 体热源 10 表面温度/℃ | 34.96 | 36.70 | 38.94 |
| 出口温度/℃ | 31.48 | 31.53 | 31.63 |

### 4.3.7　工况 7:工况 6+补充冷却气流

结合工况 6 的分析结果,工况 7 以工况 6 为基础,在中间洞室内布置 43 m 长、1 m 宽的入风口,进行冷却气流的补充。入风口风速为 4 m/s,风温为 22 ℃,用以降低中后半程洞室内的环境温度。工况 7 的说明如图 4-41 所示。

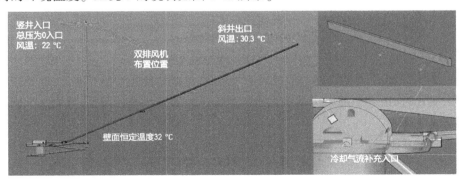

图 4-41　工况 7 说明

工况 7 温度场的总体分布流线如图 4-42 所示。局部温度场流线分布如图 4-43 所示。从流场结果可知,地下洞室内整体温度降低明显,整体温度分布范围在 30 ℃ 以内。前半程可通过风机抽吸进行降温,后半程主要靠补充冷却气流进行降温。冷却气流补充后,系统内的压力会发生变化。前半程抽吸效果变弱,气流流速会有所下降。

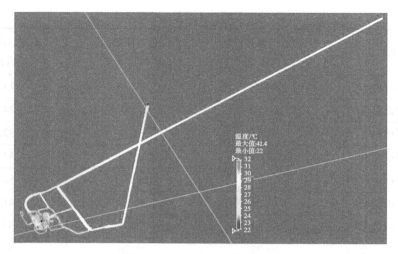

图 4-42　总体温度场流线分布

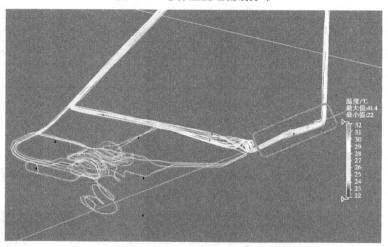

图 4-43　局部温度场流线分布

因风机相关的资料不足,故无法在仿真中体现风机完整的性能参数。所以,当系统内压力分布发生变化时,仿真中的风机设置无法随系统压力的变化进行调整,故无法准确模拟前半程的气流流速。

# 4.4　小　结

　　热压通风是温度差造成的密度差从而引起的空气流动。同一条件下,地下建筑中的热压、自然通风量和温度分布存在多种可能性。常规一维多区域模型中,各空间中流体假定是均匀分布的,空间内各点的压力和温度相等。通过求解各空间的质量守恒、能量守恒和压力平衡关系式,可以获得各空间的温度、热压和流量分布。为了使此类模型更加适合地下空间,尤其是深埋地下大空间建筑,创新性地提出了通过多段"线性温度分布模型"来描述长直隧道中温度沿长度方向的分布规律。相关分析和测试结果表明,该"线性温度分布模型"相对"完全均匀混合模型",能更加准确地描述地下空间的温度分布,从而对热压的分布计算更加准确。

对一维多区域流动网络模型 LOOPVENT 进行了完善,用于研究深埋地下洞室动态自然通风情况。该模型考虑了深埋地下建筑的传热特性,实现了流动和传热的耦合,在已知内部热源及室外气候条件的情况下,无须假定室内温度,可通过动态模拟的方式,求解地下空间的动态自然通风情况。

采用 3DE FMK 仿真软件对施工期深埋大型复杂洞群环境温度与热压通风的关系进行模拟仿真研究,得出以下结论:

(1)通过风机布置及冷却气流补充的方式可达到降低洞室内整体环境温度的目的;

(2)风机的排布方式主要影响实验厅内前半程的环境温度;

(3)冷却气流的补充可以降低实验厅内中后半程的环境温度;

(4)风机并联布置可增大冷却气流进气量,其位置越靠近竖井入口,对实验厅内体热源表面温度及环境温度的降低越明显;

(5)风机串联布置可增大冷却气流进气量,但不利于降低实验厅内的环境温度(岩石壁面视为恒定温度的边界)。

# 第 5 章　深埋地下空间封闭氡浓度与通风

# 5.1　概　述

　　氡气是由地层岩石中放射性元素镭衰变产生的一种天然放射性惰性气体,无色、无味、无臭。氡及其子体衰变过程中放射出 α、β 射线,这一系列带辐射的微粒,会对中微子实验带来负面影响,这是实验所不允许的。氡气或微粒被吸入肺部,部分会积聚并继续散发辐射,对人的健康造成很大伤害,增大了患肺癌的概率。由于氡气是不挥发、不被吸收转化的,因此氡气的防治不能根除,只能采取措施降低氡气浓度。通风不足的建筑物,氡气便会滞留及聚集,加强通风换气是减少氡气污染的主要措施。

　　按照《地下建筑氡及其子体控制标准》(GBZ 116—2002)的规定,待建地下建筑的设计水平为 200 Bq/m³(平衡当量氡浓度)。适当的通风是排除地下建筑氡及其子体的有效措施。为选择合理的通风换气次数,可参考排氡通风率简表,见表 5-1。

表 5-1　排氡通风率简表

| 封闭氡浓度/(kBq/m³) | 冬季 | | 春秋季 | | 夏季 | |
|---|---|---|---|---|---|---|
| | 通风率/(次/h) | 氡平衡的通风时间/h | 通风率/(次/h) | 氡平衡的通风时间/h | 通风率/(次/h) | 氡平衡的通风时间/h |
| ≤0.5 | 0.1 | 48.5 | 0.16 | 42.1 | 0.16 | 42.1 |
| 1.0 | 0.13 | 46.5 | 0.20 | 35.5 | 0.22 | 30.2 |
| 1.5 | 0.16 | 42.1 | 0.23 | 30.0 | 0.23 | 30.0 |
| 2.0 | 0.20 | 35.5 | 0.26 | 24.1 | 0.26 | 24.1 |
| 3.0 | 0.26 | 24.1 | 0.36 | 20.0 | 0.38 | 17.3 |
| 4.0 | 0.38 | 16.0 | 0.39 | 16.3 | 0.46 | 14.3 |
| 5.0 | 0.39 | 16.3 | 0.42 | 15.6 | 0.52 | 12.3 |
| 6.0 | 0.52 | 12.3 | 0.52 | 12.3 | 0.65 | 9.9 |
| 7.0 | 0.59 | 11.1 | 0.65 | 9.9 | 0.78 | 8.2 |
| 8.0 | 0.65 | 9.9 | 0.80 | 8.2 | 0.84 | 8.0 |
| 9.0 | 0.75 | 9.1 | 0.91 | 7.1 | 0.91 | 7.0 |
| 10.0 | 0.78 | 8.2 | 0.94 | 6.8 | 1.0 | 6.2 |

　　实验厅要求新风换气次数按照 6 次/d 考虑,同时满足安装期间 50 名工作人员的通风要求,且洁净度要求达到 10 万级。由于地下岩石经过破碎、开挖以后会有氡气渗出,因此地下实验厅所需的换气新风不能取自地下交通廊道,以免将廊道内的氡气带入实验厅,对实验结果及人员安全卫生造成影响。

在土建施工、设备安装、实验运行过程中,每个阶段设备发热量、需要的新鲜空气量也不一样,实验厅通往地面出口的斜井和竖井距离分别为 1 500 m、900 多 m,如何将地面出口的室外新风,长距离送至深埋地下实验厅是通风空调系统设计的另一个重点、难点。

项目研究团队按照施工顺序全过程、基于封闭氡浓度实测数据对深埋洞室的新风量以及超长距离通风系统进行了研究分析。

本工程实验室深埋地下,对机械通风换气要求较高,且与常规建筑或工业通风有一定区别,对于其风量及通风策略必须进行专项研究。同时,在安装施工期间存在热量与异味散发问题,需配置排风系统予以消除,故此部分开展如下研究:

(1)实验厅换气次数及通风量研究;

(2)地下洞群氡浓度现场实测;

(3)附属洞室群通风策略及通风量确定;

(4)洞室群排风机设置方案优化分析;

(5)竖井风管道材料方案比选(比选新型材料等);

(6)实验厅有机玻璃拼接期间、退火期间排风系统研究;

(7)水池安装期间消除有机玻璃单体异味局部排风系统研究。

该部分研究将分析目前中国科学院高能物理研究所提出的 6 次/d 置换通风换气量的合理性,结合负荷计算结果,验证其是否能够满足带走室内散热散湿、氡气释放量等要求,根据计算结果确定新风换气量。

由于将新风送入地下经济及能耗成本较大,应予以充分使用,故研究了合理的气流流动路线,制定排风机开启与关闭控制策略,使引入的新风高效带走地下各房间负荷。

选用竖井通风方案,对竖井风管材料进行技术经济比选,主要从材料的耐久性,如抗腐蚀、抗氧化性能、沿程阻力大小、管材成本等多方面进行比较,筛选出经济成本合理、符合本项目技术要求的适宜风管材料。

针对安装期有机玻璃单体散发问题,进行有针对性的局部排风设计,结合施工工艺产生的单体散发量,确定局部排风量、排风风机及排风装置。

基于上述因素,经项目组研究,对氡气防治采取了下列措施:

(1)采用 DOCEMAN 便携式氡气监测仪,随时监测氡气含量和辐射强度,根据检测结果采取相关措施。

(2)加强通风换气是减少氡气污染的主要措施。对于地下实验室,设计上做到保证排风顺畅、新风供给充足,保证通风设施的有效运转。提高通风强度,增加新风量,发挥新风效应,改善洞室内部空气品质;充分将新鲜空气送入各工作面,减少送风死角,提高洞内空气的置换效果,充分稀释空气中的含量,达到降低其辐射强度的目的。

(3)合理选择新风取风口和洞内排风口位置,由于氡气比空气重,因此将排风口的位置设置在大厅的中下部,减少新风输送环节的二次污染,充分稀释洞内空气中氡气含量,降低辐射强度,使工作面内氡气含量和辐射强度指标降到中微子实验所允许的范围内。

(4)地下洞室开挖完成后结合喷锚支护方式尽快封闭岩面,防止岩石中尤其是破碎岩石中聚集的氡气沿岩石裂隙迅速扩散,同时在喷混凝土中加入防氡材料,如重晶石、沸石、氧化铁粉、高铝水泥等进一步起到屏蔽氡气的作用。

(5)加强排水措施,防止氡气溶入死水坑形成集中污染源。

上述一系列的防氡气措施,满足了中微子实验的使用要求。

# 5.2　工程实地测试目的及内容

中微子探测器球形网架安装初期,前 2 个月需将实验厅空气温度降低并稳定至 21 ℃,将相对湿度降低至 70% 以下,欲研究实验厅空气热湿变化过程,需确定具体的空气和岩体的初始参数。岩体温度在前期地质勘测中已测定为 33 ℃。

为控制地下建筑的氡浓度,目前我国相关规范中给出了不同封闭氡浓度时地下洞室所需的新风换气次数。氡浓度主要由岩体析出,不同地理位置、不同埋深的地下建筑封闭氡浓度均不同,因此需要通过实测对空气封闭氡浓度进行确定,以此作为确定新风量的基础数据。

现场测试内容分别为地下空气初始温度;地下空气初始相对湿度;空气封闭氡浓度。

# 5.3　测量方法及仪器

## 5.3.1　测量地点的选择

本项目开始研究时,地下实验站的建设施工尚未完成,仅建成了竖井、斜井及斜井沿程的附属洞室,尚没有条件对实验厅进行测试。

对封闭氡浓度的测试,在没有条件对目标建筑进行测试时,可选择相似地理位置、相似埋深的建筑用以参考,因此选择了埋深 680 m 处的一个避难室测试封闭氡浓度,避难室截面尺寸如图 1-6 所示。

对空气温湿度和岩壁温度的测试,选择在该躲避洞洞室外的斜井井身附近进行,图 1-7 展示了斜井施工现场。该处的埋深是目前地下实验站完成施工部分中最接近实验厅埋深处,测试结果有较大的参考价值。

另外,还选择了地上厂区一间 10 m² 的办公室测量其空气温湿度及氡浓度,作为与地下测量所得数据的对比。

## 5.3.2　测量方法及仪器选择

### 5.3.2.1　空气温湿度

测量仪器采用温湿度自记仪,在地下布置 2 个测点,均位于躲避洞外斜井井身内距地 1.5 m 处,连续测试 30 min,2 min 记录一次;在地上办公室布置 2 个测点,连续测试 1.5 h,30 min 记录一次,测试时关闭通风空调系统。

空气平均温度按式(5-1)和式(5-2)计算:

$$t_{\mathrm{m}} = \frac{\displaystyle\sum_{i=1}^{2} t_{\mathrm{m},i}}{2} \tag{5-1}$$

$$t_{m,i} = \frac{\sum_{j=1}^{15} t_{i,j}}{15} \tag{5-2}$$

空气平均相对湿度按式(5-3)和式(5-4)计算:

$$\varphi_m = \frac{\sum_{i=1}^{2} \varphi_{m,i}}{2} \tag{5-3}$$

$$\varphi_{m,i} = \frac{\sum_{j=1}^{15} \varphi_{i,j}}{15} \tag{5-4}$$

式中:$t_m$、$\varphi_m$ 分别为空气平均温度和相对湿度;$t_{m,i}$、$\varphi_{m,i}$ 分别为 1 号和 2 号仪器测得的空气温度和相对湿度。

### 5.3.2.2　封闭氡浓度

按测试时间和取样间隔可以将测氡方法分为瞬时测量、连续测量和累积测量。瞬时测量指在一个相对短的时间范围内测量某时刻浓度值的方法,例如闪烁瓶法、双滤膜法、气球法、电离实法和 $\alpha$ 潜能法等;连续测量指在固定的时间间隔内进行的不间断的并能够得到每一时间间隔结果的测量,如连续测氡仪;累积测量指在特定的时间周期(从 2 年至 1 年或更长)进行的积分式测量,其结果为该时间段平均浓度,如驻极体环境氡检测器。

本书采用连续测量法,将避难室封闭 6 d 后进行测量。在避难室布置 2 个测点,分别位于洞室正中央和一个对角处,连续测量 30 min;在地上办公室布置 2 个测点,分别位于办公室正中央和一个对角处,连续测量 30 min。

按探测器类型和原理可以把常见的连续测氡仪分为三种类型:闪烁室型、脉冲电离型和半导体型。目前,比较常见的国内外研制的连续测氡仪器见表 5-2。

表 5-2　常见的国内外连续测氡仪

| 型号 | 优点 | 缺点 | 可测参数 |
|---|---|---|---|
| RAD7 | 灵敏度很高,测量范围大,氡浓度快速响应 | 受湿度影响明显,需要干燥管 | 空气、土、水 |
| 1027 | 小巧轻便,不需要干燥管 | 测量时间长,灵敏度较差,不能用于土壤氡、水中氡的测量 | 空气 |
| NRL-1 | 引入湿度修正,不需要干燥管,引入浓度变化修正过渡期间准确测量 | 高温导致谱漂的影响 | 空气 |

续表 5-2

| 型号 | 优点 | 缺点 | 可测参数 |
|---|---|---|---|
| FD216 | 灵敏度较高,小巧轻便,一机多用,探测器没有射气干扰 | 水中氡需特殊脱气防水,高浓度土壤氡测量换气麻烦 | 空气、土、水 |
| FT648 | 测量不受氡及其子体之间放射性平衡程度的影响 | 闪烁体容易污染,体积较大,不便于野外携带 | 空气 |
| FD3017 | 没有探测器污染和射气干扰,轻便结实 | 不能用于环境氡测量,只有一面探测器 | 土、水 |
| HDC-C | 双向探头探测器,运用能窗和能谱剥离,实现较高准确度 | 采样系统容易漏气,土壤罐手动加压采样费力 | 空气、土、水 |
| HD-2003 | 探测深度大,易于攻深找盲,积分式吸附容易发现微弱异常,便于大面积布点勘查 | 采样时间长,低浓度测量灵敏度较差 | 土 |

RAD7 和 1027 型测氡仪是目前市场中最为常见的进口测氡仪,性能略胜国内一筹,但价格也更高,其中 RAD7 受湿度影响较大,相对湿度 10% 以上的气体进入仪器就可以引起测量偏差,需要干燥管严控进入探测腔内气体湿度;而 1027 型测气体不需干燥,湿度对探测器影响小,只要相对湿度不超过 90%,就能正常使用。因此,RAD7 适合在环境条件较好的居室内实施短时间环境评估,而 1027 型操作简单,便于携带,被测气体不需干燥,能直接测量,但短时间测量数据波动大,适合在浓度较高的坑道和矿井内实现长期的无人值守监测。国产测氡仪中,FD216 可摆脱干燥剂工作,但由于测量原理不同,较高温度和湿度会对闪烁室造成不可逆转的损害,同时测量高浓度氡时需要洗气,不宜在矿井之类氡浓度较高的地方使用,相比之下,NRL-1 更适合在无人值守的极端环境下实现长期稳定监测,及时反映氡浓度的变化情况。

综合考虑测量环境、测量目的和经济性,最终选择 FD216 型连续测氡仪。

综上所述,测试所用仪器相关信息见表 5-3。

表 5-3　测量仪器汇总

| 仪器名称 | 型号 | 精度 | 仪器个数 | 测量物理量 |
|---|---|---|---|---|
| 温湿度自记仪 | WSZY-2 | ±0.3 ℃ | 2 | 室内空气温度 |
| | | ±2% | | 室内空气湿度 |
| 连续测氡仪 | FD216 | — | 2 | 氡浓度 |

# 5.4　测试结果及分析

## 5.4.1　空气温湿度

　　测试于 2017 年 7 月 20 日下午 1 时进行,地下斜井和地上办公室内 2 个温湿度自记仪测试所得的平均逐时温度如图 5-1(a)所示。可以看到,地下空气平均温度较高,达31.3 ℃,地上办公室内平均温度 26.0 ℃,地下空气温度比地上室内空气温度高,相差 5.3℃。地下斜井和地上办公室内 2 个温湿度自记仪测试所得的平均逐时相对湿度如图 5-1(b)所示。可以看到,地下空气平均相对湿度 88.0%,地上办公室平均相对湿度 57.6%。

　　由实测结果可以发现,在安装期初始时刻,实验厅内空气是高温高湿状态,为使其满足安装期的空气参数设计要求,需先进行预冷。考虑到地下施工环境的复杂性和施工时通风系统的运行,在分析计算时将其初始温度取为 32 ℃,初始相对湿度取为 90%。

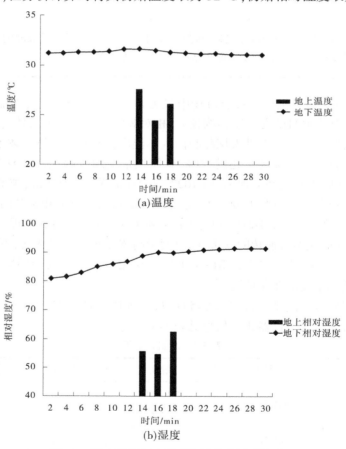

图 5-1　地上及地下室内空气温湿度测试结果

## 5.4.2　空气氡浓度

　　2 台连续测氡仪在地下、地上测得的空气氡浓度值如图 5-2 所示。可以看到,地下洞室内平均封闭氡浓度 307.4 Bq/m³,地上办公室内空气平均氡浓度 119.2 Bq/m³。

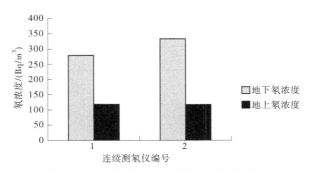

**图 5-2　地下及地上空气氡浓度测试结果**

　　氡主要从岩体中逸出,而避难室的内岩壁表面积比实验厅的小,则逸出的氡气也小于实验厅,因此实验厅的实际封闭氡浓度应大于避难室中所测得的结果。为保证实验厅室内氡浓度满足规范要求的设计水平,在选取对应的新风换气次数时,按封闭氡浓度 1 kBq/m³ 为准,即排氡新风换气次数选为 0.22 次/h,故各洞室排除氡气所需新风量见表 5-4。

**表 5-4　各洞室排除氡气所需新风量**

| 房间 | 洞室体积/m³ | 冬季新风量/(m³/h) | 夏季新风量/(m³/h) |
|---|---|---|---|
| 上部结构 | 62 061.6 | 8 068.0 | 13 653.6 |
| 下部水池 | 65 391.4 | 8 500.9 | 14 386.1 |
| 安装间 | 7 454.9 | 969.1 | 1 640.1 |
| 地下动力中心 | 2 100.4 | 273.1 | 462.1 |
| 液闪处理间 | 9 012.0 | 1 171.6 | 1 982.6 |
| 液闪灌装间 | 3 604.2 | 468.6 | 792.9 |
| 避难室 | 366.2 | 47.6 | 80.6 |
| 电子学间 1 | 1 821.6 | 236.8 | 400.8 |
| 电子学间 2 | 1 821.6 | 236.8 | 400.8 |
| 水净化室 1 | 8 916.0 | 1 159.1 | 1 961.5 |
| 1# 集水井泵房 | 616.7 | 80.2 | 135.7 |
| 空调水泵房 | 616.7 | 80.2 | 135.7 |
| 3# 集水井泵房 | 136.1 | 17.7 | 29.9 |
| 汇总 | | 21 309.7 | 36 062.4 |

# 5.5　实测所得初始值

依据各项实测结果,分析得出实验厅空气及岩土各项参数初始值见表 5-5。

表 5-5　实验厅空气及岩土各项参数初始值

| 参数 | 初始值 |
| --- | --- |
| 空气温度/℃ | 32 |
| 空气相对湿度/% | 90 |
| 岩土温度/℃ | 33 |
| 空气封闭氡浓度/(kBq/m³) | 1 |
| 新风换气次数/(次/h) | 0.22 |

# 5.6　防氡涂料对比分析

为了防止实验厅内从岩石中跑出的氡气对实验的影响,实验厅墙面及顶面喷涂防氡气泄漏的涂料。

目前,国内已研制出多种防氡气效果很好的涂料,简述如下:

(1)湖南省劳动卫生职业病防治研究所研制出一种理想的 871 防氡涂料,防氡效果达 80% 以上,其成本低廉,施工方便,防氡效果好。

(2)清华大学清大华创公司研制的耐磨、透明防氡涂料,既可以涂刷于墙体,又可以涂刷在地面、天然和人工石材表面,从而从墙面和地面上降低了氡的辐射。

(3)浙江大学余利民等研制的环保型防氡涂料,能够有效地解决已建建筑物中氡的污染问题,对氡和其他放射性物质具有良好的阻挡和隔离作用。该防氡复合建筑涂料包括吸附层和隔离层,其中第一层吸附层中加入了具有特殊结构的无机材料,该无机材料经改性后对放射性物质具有良好的吸附作用,而且放射性物质被吸附后难以被再次释放;第二层隔离层中含有另一对放射性物质氡具有隔离、阻挡功能的无机材料。使用时先将吸附层涂刷于建筑物表面,等它干到一定程度后,再刷隔离层。

(4)中南工学院高新技术开发公司研制的环保防氡内墙乳胶漆,采用聚乙烯醇、氯偏乳液、填料、专用助剂、水等,通过交叉聚合形成漆膜。该漆膜具有良好的密实性,能有效地阻止墙体中的氡向室内扩散,防氡析出率可达 90% 以上。其具有良好的成膜性,漆膜耐久性好,且防氡效率具有良好的长期稳定性,防氡析出率处于国内领先地位。该漆物理性能优异,耐擦洗大于 4 000 次,遮盖力 125 g/m²,附着力 100%,施工方便,装饰效果好。

(5)山东省医学科学院放射医学研究所制备的防氡涂料,已达到或超过国外环氧树脂类高分子材料所达到的指标。由于为水性涂料,又具备常规内墙涂料的物理化学性能,该涂料具有施工方便、无环境污染、成本低、易推广等特点。

(6)核工业北京地质研究院于 1989 年研制的 RG 强力堵漏防水材料,是经过大量工程使用并由北京市建委认证的优秀防水材料,该材料分 G 型和 R 型两种,G 型属刚性,能带水堵漏,R 型属柔性,具有很强的耐龟裂能力,抗老化性能,特别适合在地下建筑潮湿基面上施工。该材料由粉剂和合成高分子乳液两部分组成,涂膜致密,能有效屏蔽岩石和建筑材料中氡气的析出。此后,对 RG 堵漏防水剂进行了进一步改进,改进后材料 RG—YD 型抑氡防水剂,除保持原有防水堵漏特点外,抑氡能力大大加强,1994 年经北京市放射卫生防护正式测量,其抑氡效率(涂层厚 2 mm)达到 85%以上,达到国际同类产品水平。

(7)中国人民解放军总参工程兵第四设计研究院和北京航空航天大学共同承担的"人防工程建筑防氡材料研究"项目成功开发了特种防氡涂料,阻氡率达到了 95%~99%。该防氡涂料主要为环氧树脂类涂料,虽阻氡效率高,但成本相对丙烯酸类涂料要高,适合国防工程。

国外 Mineguard 防氡涂料如下:

Mineguard 为加拿大采矿工业研究机构开发的新材料,这是一种向岩体表面联合喷射两种液体化学制品在几秒钟内凝固生成聚氨酯的致密薄膜。这种材料能够牢固地黏附在各种整体和破碎岩体的表面。形成的这个表层能够抵抗环境和采矿过程引起的磨损。

从 Mineguard 材料生产了两种矿用衍生材料。基本的 Mineguard 材料是由一种白色的阻燃聚氨酯薄膜组成的,第二种材料实际上是在第一种材料表面加一层细粒蛭石以增加其阻燃性。由加拿大保险者实验室做的燃烧实验结果表明,有蛭石涂层的 Mineguard 材料直接喷在岩体表面时,能够暴露在温度高达 820 ℃ 的明火源中持续 10 min 以上不着火,而且物理分解很有限。在封闭井下空间喷射试验中进行的详细空气质量测试表明,当采用标准通风控制方法时,在喷射中和喷射后空气没有明显的化学污染杂质。

Mineguard 为白色或灰白色产品,并且具有很大的反光度。这种特性除有助于限制气体扩散和减少空气流动摩擦阻力外,还对改善地下环境大有益处。在不改变照明现状的条件下,喷射反光度大的聚合物喷层,在许多作业场地为工人提供更好的照明条件。聚合物喷层既能防止有害气体的渗入(如岩层中的甲烷和氡),又能优化通风网的空气流动能力,因此可减少矿山的耗电量和给工人健康带来额外的益处。

Mineguard 要求用两种液体组分相混合以形成最终固结的固体薄膜。组分"A"由异氰酸酯配方组成,其中亚甲基二苯异氰酸酯(MDI)单体与低聚物/预聚体衍生物相混合。"B"组分主要由各类氢化多元醇(聚酯/聚醚羟基树脂)组成。这些聚合物的混合喷射将形成快速硬化的惰性固体喷层。在喷射过程中,固结物料可形成固体颗粒反应,小的颗粒借助通风气流向下游方向运动逐渐分散开来。但是,已知这种分散的颗粒比通风气流空气中夹杂的粉尘和化学复合物以及在喷射混凝土时所释放的胶结材料的脆性较小和颗粒大。在放热反应温度达 200 ℃ 的条件下,一些亚甲基二苯异氰酸酯也会蒸发和释放到排气流中。

美国人发现 Minuguard 含有有害成分,已经停止使用了,故不考虑推荐使用。

根据目前国内外防氡涂料的应用情况资料分析,如果仅限于对于实验厅人员对于环境条件的要求,是可以采用国内普通的防氡涂料,各类产品均可以达到 80%~90%的防氡效果,但是考虑本工程的实验要求,对于氡气的防护要求尽量提高,尽量要求使防氡的效果达到 95%~99%。由中国人民解放军总参工程兵第四设计研究院和北京航空航天大学共同开发的特种防氡涂料,目前国内主要在国防工程中应用,该防氡涂料主要为环氧树脂类涂料,虽阻氡效率高,但成本相对丙烯酸类涂料要高。

综合考虑采用防氡效果达到90%以上的防氡涂料。

# 5.7　小　结

本章通过调研和现场实测的方法确定了进一步研究的基础数据,主要得出如下结论:

(1)为确定进一步研究所需的基础数据,利用温湿度自记仪和连续测氡仪对江门中微子实验站地下施工现场和地上办公室的热湿环境和空气质量进行了实测,得到了空气温湿度和封闭氡浓度等测量结果;

(2)通过对测量结果的分析可以预计,地下实验厅的空气初始状态为高温高湿状态,在下一步的研究中将空气初始温度取为 32 ℃,空气初始相对湿度取为 90%;

(3)地下氡浓度相比地上较高,考虑到实验厅的内岩壁表面积较大及《地下建筑氡及其子体控制标准》(GBZ 116—2002)的规定,最终以 1 kBq/m³ 的封闭氡浓度为准选取了排氡所需的新风换气次数。

(4)考虑到本工程的实验要求,对于氡气的防护要求尽量提高,建议采用防氡效果达到90%以上的防氡涂料。

# 第 6 章　超高静压空调水系统竖向分区与低温供水

# 6.1　概　述

深埋地下实验厅与斜井地面出口附近的制冷机房距离约为 1 500 m,相对高差约 500 m,相当于约 170 层超高层建筑的高差,水系统静水压力比较大。考虑到空调系统设备的承压能力,不能将冷水机组的冷水与实验厅的组合式空调机组直接相连。水系统在垂直方向应进行竖向分区,分几个区应以设备和附件的承压能力作为主要依据来决定。冷水长距离输送问题以及冷水的压降、温降等问题都非常复杂,是通风空调系统设计中要解决的难点。

竖向物理分区方案是通过在水系统竖直方向分区来解决系统设备的承压问题,按照竖向分区原则并参照表 6-1 中设备的承压能力,初步分析本项目适合分上、中、下 3 个区,如图 6-1 所示。其优点是系统稳定可靠安全;缺点是冷水机组的冷水必须要经过两级热交换才能最终到达实验厅,中间环节势必造成空调冷水的温升问题,如果到达深埋实验厅的冷水温度偏高,则难以满足实验厅(21±1) ℃的温度要求。

表 6-1　设备常用承压等级

| 设备类型 | 常用承压等级/MPa |
| --- | --- |
| 冷水机组 | 1.6、2.0、2.5 |
| 板式换热器 | 1.6、2.0、2.5 |
| 水泵 | 1.6、2.5 |
| 减压阀 | 1.0、1.6 |
| 风机盘管 | 1.6 |
| 空调机组 | 1.6 |

冷水系统竖向分区处理后冷水系统的高静水压力问题解决了,随之而来的是冷水分区后的温升问题。选用常规制冷机方案面临沿程冷量损失大、多级换热器热损失大等问题,而热损失量大则要求冷水机组低温供水,这将对冷水机组选型与配置提出要求。针对以上水系统设计遇到的问题,开展了如下研究:

(1)冷水机组选型及参数研究;

(2)中间换热器选型及参数研究;

(3)水泵选型及参数研究。

冷水机组选型时主要结合目前较为成熟的几类冷水机组形式进行比选,若冷水温度接近或低于 0 ℃,需要考虑加入乙二醇等防冻液影响,分析相应的制冷量变化,确保符合设计要求。另外,由于

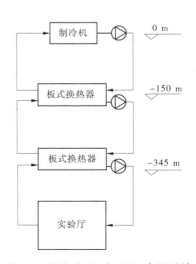

图 6-1　竖向分上、中、下 3 个区系统

安装期和运行期冷水机组所需处理负荷存在较大差异(安装期水池内有有机玻璃球热拼接退火等施工负荷),冷水机组单台容量及台数比例配置也是本节研究的内容,应使运行期可停用或交替使用部分初始配置的制冷设备,使负荷与机组容量匹配。

中间换热器将结合换热器形式比选,重点分析换热器不同形式之间的换热效率、换热器阻力等技术指标,综合选优。

由于埋深大、多级换热等因素,水系统阻力较大,应结合流量需求选择工作点处在高能效区的水泵。

由于项目中管道铺设较长,且管内冷水与管外空气温差较大,即使管道保温,仍然会有一部分冷量在中途散失掉,故需对长管道输送冷流体的能量损失做一个量化。

管道内流体的温升是一个关于流体质量流量的幂函数,且温升的大小与管道内流体与管外环境的温差、管道和保温材料的导热系数以及管道与保温材料的厚度均有关。

项目研究团队经过分析比选,采用了竖向分区、温差控制处理将空调冷水送入深埋地下洞室的新方法。在斜井-270 m 高程处设置高承压水-水板式换热器,将上一级的冷水经换热器转换到下一级闭式循环,共设 2 级闭式循环回路。

经计算,每一级循环冷水管路温升约 0.6 ℃,换热器温升约 1.5 ℃,从冷水机组到地下实验厅空调机组两级循环的温度分别为 3.0~9.6 ℃、5.0~10.6 ℃。

# 6.2　竖向分区方案比选

本项目考虑到地下实验厅的电负荷容量以及供电的稳定性,空调系统的制冷机房宜设置在斜井洞口处室外地面。要求从地面向地下深层实验厅输送空调冷水,导致制冷机房与地下实验厅相对高差约 500 m,相当于约 170 层高的大楼,水系统静水压力太大,而常规系统设备承压等级见表 6-1。

鉴于空调水系统设备的承压能力,目前有如下两种方案来降低水系统的静水压力:

(1)对水系统进行竖向分区处理,分别在-150 m 和-345 m 高程处设置水-水板式换热器,将上一级的低温冷水经换热器转换到下一级闭式循环,共设 3 级闭式循环回路。

(2)采用分级设置减压阀,平均每隔 100 m 设置一个减压阀,层层减压将低温冷水直接送至地下实验厅。

下面来分析讨论这两种方案的利弊以及可行性。

## 6.2.1　竖向物理分区

在空调水系统设计中,降低水系统的高静水压力可以通过对水系统进行竖向分区来实现,是否进行竖向分区,可根据下面的原则来进行:

(1)系统静水压力 $P_S \leqslant 1.0$ MPa 时,冷水机组可集中设于地下室,水系统竖向可不分区。

(2)系统静水压力 $P_S > 1.0$ MPa 时,水系统竖向应分区。一般宜采用在中间设备层布置换热器的供水模式,冷水换热温差宜取 1~1.5 ℃。而常规的冷水机组冷水出口温度为 7 ℃,中间经过两级热交换,再加上长距离沿程管道内冷水与管外地下通道中热空气的对流冷量损失,到达实验厅时冷水温度将在 10~12 ℃,无法满足实验厅空调的需要。而本项目要求抵达实验厅的冷水温度控制在 5 ℃ 左右,则要求冷水出口温度在 0 ℃ 左右,需要考虑采用特殊的冷水机组来满足该条件;由于冷水温度接近凝固点,需考虑加入乙二醇或盐水等防冻液,对比分析两种防冻液,盐水对沿程管道和板式换热器的腐蚀性更强,因此选择乙二醇;同时由于高浓度乙二醇的导热系数和比热容较小,可以考虑采用选取质量浓度为 10% 的乙二醇水溶液,其凝固点为 -3 ℃。

江门中微子实验厅温度要求控制在 (21±1) ℃,要求空调送风温差介于 6~10 ℃。为避免制冷机冷水温度过低,空调风系统宜采用大风量、小温差(送风温差 6 ℃),空调送风温度应该设为 15 ℃,对应的空调冷水供水温度为 5 ℃ 左右,因此本项目不适合分上、中、下 3 个区,只能分上、下 2 个区。冷水机组的出水温度只有控制在 3.5 ℃ 以下(板换温升取 1.5 ℃,如果按照 1.0 ℃ 温升考虑的话,换热器价格会大幅度增加),中间采用一次热交换,才能满足实验厅空调机组的空调冷水进口温度在 5 ℃ 左右的要求。

经综合分析比较,并考虑了长达 1 500 m 左右的管道沿程冷量损失,冷水温升约为 0.6 ℃,最终确定两级空调冷水闭式循环的温度分别控制在 3.0~9.6 ℃、5.0~10.6 ℃。空调水系统竖向分区及温控示意如图 6-2 所示。

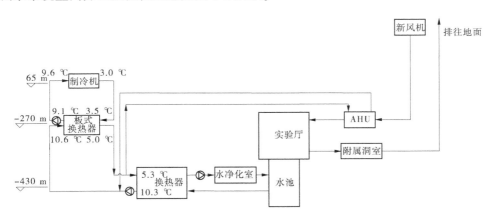

**图 6-2　空调水系统竖向分区及温控示意**

## 6.2.2　分级设置减压阀

分级设置减压阀方案只需考虑冷水在沿程管道中的冷量损失,如图 6-3 所示。其优点包括:①可选择较常规的冷水机组;②避免偏低的冷水出口温度导致制冷机的蒸发温度较低带来冷水机组运行效率的下降;③无中间换热器的热损失。其缺点包括:①要选择安全性较高的减压阀,防止爆管现象的发生;②水系统的循环是闭式的,减压阀降低的压力需通过泵的加压来弥补,导致选取的泵扬程及承压会很大。

以下将从几个方面来分析解释分级设置减压阀方案的弊端及不可实施性:

(1)依据表 6-1 中常规减压阀最大可承受 1.6 MPa 压力,即竖向每隔 100 m 需设置一层减压阀,考虑安全系数,本项目中至少需要 5 层减压阀,且如果其中任意一个减压阀无法工作必然将导致下面的所有减压阀损坏,进一步破坏系统的末端设备。

（2）如果通过分级设置减压阀降低水系统的压力达到设备的承压，再考虑管道沿程阻力及局部水头损失，循环泵最终需要承受将近 6 MPa 的巨大压力，并且本项目实验厅运行年限约 30 年，参照表 6-1 中常规泵的承压能力，可知这对于目前来说难以实现且不安全不可靠。

（3）通过减压阀减小管道压力时，管道的流量也会相应地减少，且减压阀的进出口压差越大，阀后流量损耗越大，甚至损耗可能高达 20% 左右，这等同于损失了 20% 的冷量。

（4）该方案对泵的扬程要求很高，导致泵的功率过大，而水泵运行时泵功率的 80% 都会传递给输送的冷水，进一步提高了冷量的损失。

综上所述，从安全可靠以及实际情况考虑，采用竖向分上、下 2 个区的形式来设计水系统。

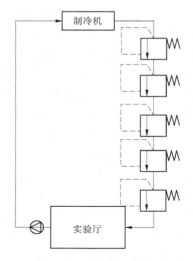

图 6-3　分级设置减压阀系统

## 6.2.3　水系统设备布置

在多层建筑中，习惯上把冷、热源设备都布置在地下层的设备用房内；若没有地下层，则布置在一层或室外专用的机房（动力中心）内。

在高层建筑中，为了降低设备的承压，通常可采用下列布置方式：

（1）冷热源设备布置在塔楼外裙房的顶层（冷却塔设于裙房屋顶上）。

（2）冷热源设备布置在塔楼中间的技术设备层内。

（3）冷热源设备布置在塔楼的顶层。

（4）在中间技术设备层内，布置水-水换热器，使静水压力分段承受。

本项目空调冷负荷位于深埋地下科学实验室，科学实验自身需要的电负荷容量较大，为减少深埋地下洞室的电负荷容量以及供电的稳定性，空调系统的制冷机房宜设置在斜井洞口处室外地面。

## 6.2.4　设计注意事项

（1）确定空调水系统（尤其是高层建筑水系统）的压力时，必须保持系统压力不大于冷水机组、末端设备、水泵及管道部件的承压能力。

（2）设备、管道及管道部件等承受的压力，应按系统运行时的压力考虑。

（3）一般情况下，冷水循环水泵宜安装在冷水机组进水端。

（4）当冷水机组进水端承受的压力大于冷水机组的承压能力，但系统静水压力（包括机组地下层建筑高度）小于冷水机组的承压能力时，可将冷水循环水泵安装在冷水机组的出水端，水系统在竖向可不分区。

（5）当将冷水循环水泵安装在冷水机组的出水端，而定压点设在冷水机组的进水端时，若机组阻力较大，建筑和膨胀水箱高度较低，则水泵吸入口有可能产生负压。

（6）当水系统的静水压力大于标准型冷水机组的承压能力（电动压缩式冷水机组一般为 1.0 MPa、吸收式冷水机组一般为 0.8 MPa）时，应选择采用工作压力更高的加强型机组，或对水系统进行竖向分区。

# 6.3　冷水机组选型及参数优化

冷水机组按制冷原理分为压缩式和吸收式两大类。压缩式冷水机组按制冷压缩机类型又可分为螺杆式、离心式、活塞式、涡流式。吸收式冷水机组按获取热量的方式不同，常分为蒸汽式、热水式和直燃式。在选择冷水机组时，因为以电力驱动的蒸气压缩式冷水机组的能效比吸收式冷水机组的热力系数高，所以对电力供应不紧张的地区，应首选用蒸气压缩式冷水机组。而不同的制冷机型对应不同适宜的冷量范围，见表 6-2。本项目装机容量约为 1 500 kW，同时为了适应空调负荷变化的要求，保证系统可靠运行，机组宜选用多台，建议布置 3 台螺杆式冷水机组，两用一备，单台制冷量 750 kW 左右。

表 6-2　蒸气压缩式冷水机组选型范围

| 单机名义工况制冷量/kW | 冷水机组选型 |
| --- | --- |
| ≤120 | 活塞式、涡流式 |
| 120～700 | 活塞式 |
| 700～1 000 | 螺杆式 |
| 1 000～1 750 | 螺杆式 |
| ≥1 750 | 离心式 |

由于本工程项目一共要经历预冷期、安装期、灌水期、灌装期及运行期 5 个时期，且每个时期的负荷均不一样，相差较大，即螺杆式冷水机组需在不同的负荷率下运行工作，而变频冷水机组在部分负荷率下表现性能更佳。

参考前人的测试数据绘制了定频与变频螺杆冷水机组的 COP 与负荷率关系曲线，如图 6-4 所示，在 100% 负荷率时，定频和变频螺杆冷水机组的 COP 值相近，且随着负荷率的降低，COP 值均逐渐增大，其中变频的增长幅度比定频大；在 50% 负荷率时，定频和变频的 COP 值达到最大，最高效率的变频螺杆冷水机组 COP 是定频的 2 倍多；之后随着负荷率的进一步降低，两者的 COP 值开始逐渐减小，其中变频的减小幅度比定频较大，但变频的 COP 值仍高于定频。因此，冷水机组的选型方案有两种：①3 台定频 750 kW 的螺杆式冷水机组，两用一备；②2 台定频 750 kW＋1 台变频 750 kW 的螺杆式冷水机组，1 台定频螺杆式冷水机组备用。

为了方便比较两方案的能耗指标及年运行费用，定频、变频螺杆式冷水机组 COP 分别为 5.1、6.1，电费 0.9 元/（kW·h），具体数值见表 6-3。

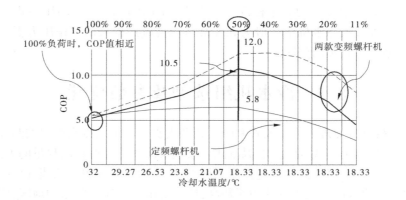

图 6-4　定频与变频螺杆冷水机组 COP 与负荷率关系曲线

表 6-3　两方案的能耗指标及年运行费用

| 项目 | 单位 | 方案一 | 方案二 |
|---|---|---|---|
| 机组满负荷制冷量 | kW | 750 | 750 |
| 定频机组 | 台 | 3(1 备) | 2(1 备) |
| 变频机组 | 台 | — | 1 |
| 定频 COP | W/W | 5.1 | 5.1 |
| 变频 COP | W/W | — | 6.1 |
| 年运行时间 | h | 7 200 | |
| 年运行能耗 | kW·h | 2 117 647 | 1 944 069 |
| 年运行费用 | 万元 | 190.59 | 174.97 |

变频冷水机组投资增加值为 130 元/kW,方案二的投资增加值为 9.75 万元,比方案一的一年运行费用节省 15.62 万,投资回收期为 0.6 年,即不到一年即可收回初投资,因此最终冷水机组的选型建议采用方案二。

# 6.4　水泵选型及参数优化

经过查文献资料对比分析达西公式、谢才公式和海曾-威廉公式,发现在长距离输送水时采用海曾-威廉公式计算沿程水头损失更准确,即

$$h = \frac{10.67Q^{1.852}L}{C_h^{1.852}D^{4.87}}$$
(6-1)

式中:镀锌钢管 $C_h = 150$、塑料管 $C_h = 150$、新铸铁管 $C_h = 130$、混凝土管 $C_h = 120$、旧铸铁管和旧钢管 $C_h = 100$。

在第一级闭式循环中,$L = 540$ m,$Q = 190.8$ m³/h $= 0.053$ m³/s,$C_h = 150$,$D = 0.2$ m,可得管道沿程水头损失 $h_1 = 5.91$ m,而局部水头损失一般取管道沿程水头损失的 10%,则局

部水头损失 $h_2 = 0.59$ m;又在每级闭式循环中,管道内流体需经过两次换热器,每次经过换热器的压降为 50 kPa,即经过换热器水头损失 $h_3 = 10$ m;故第一级闭式循环中总水头损失 $h = h_1 + h_2 + h_3 = 16.5$ m。

而在实际工程中,需考虑设计余量 1.1 倍,故在选型时泵的扬程至少 18.15 m。

同理,第二级闭式循环中,$L = 700$ m,$Q = 0.053$ m³/s,$C_h = 150$,$D = 0.2$ m,则第二级闭式循环中总水头损失 $h = 18.4$ m。考虑设计余量 1.1 倍,故选型时泵的扬程至少 20.24 m。

第三级闭式循环中,$L = 647$ m,$Q = 0.053$ m³/s,$C_h = 150$,$D = 0.2$ m,则第三级闭式循环中总水头损失 $h = 17.79$ m。考虑设计余量 1.1 倍,故选型时泵的扬程至少 19.57 m。

参考前人绘制的水泵效率与相对流量的关系曲线,如图 6-5 所示,发现水泵工作在 50% 流量时的效率只有 100% 流量时的 76%,因此水泵选型时,在扬程满足的情况下,优先选择额定流量与所需流量接近的水泵型号,并列举了某国产泵的性能参数及对应的价格,见表 6-4,以供参考。

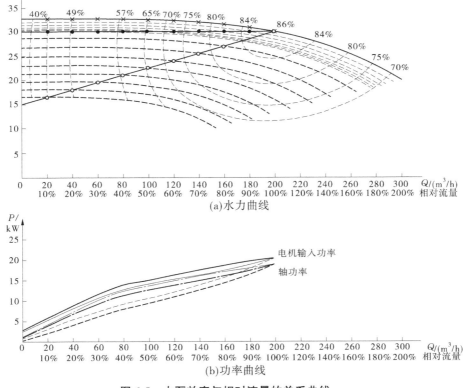

图 6-5　水泵效率与相对流量的关系曲线

表 6-4　泵的性能参数及价格

| 型号 | 口径/mm | 流量/(m³/h) | 扬程/m | 功率/kW | 立式价格/元 | 卧式价格/元 |
|---|---|---|---|---|---|---|
| 200-250 | 200 | 200 | 20 | 18.5 | 6 325 | 6 642 |
| 200-315 | 200 | 200 | 32 | 30 | 8 289 | 9 011 |
| 200-315A | 200 | 187 | 28 | 22 | 6 905 | 7 459 |
| 200-315B | 200 | 173 | 24 | 18.5 | 6 554 | 7 148 |
| 200-400C | 200 | 166 | 32 | 22 | 7 216 | 7 911 |

# 6.5　中间换热器选型及性能优化

由于项目中管道铺设较长，且管内冷水与周围空气的温差较大，大量的冷量可能会在中途散失掉，而换热器选型时需知道换热量的值，故需先知道从冷水机组到换热器之间沿程损失的冷量。

## 6.5.1　管道沿程冷量损失理论推导

对长管道输送冷流体的能量损失做一个量化，将现实情况抽象为物理模型来解析从而便于分析与参考。

建立模型如下：

设长度为 $L$ 的圆形管道，管内流速 $v$ 恒定，由传热学知识可知，1 m 长的管道与周围空气之间的热流量：

$$\Phi = \frac{\pi(t_0 - t_1)}{\frac{1}{h_1 d_1} + \frac{1}{2\lambda_1}\ln(\frac{d_2}{d_1}) + \frac{1}{2\lambda_2}\ln(\frac{d_3}{d_2}) + \frac{1}{h_2 d_3}} \qquad (6-2)$$

式中：$d_1$、$d_2$、$d_3$ 为分别为管道内径、外径、保温层外径，m；$t_0$ 为管道内流体的平均温度，℃；$t_1$ 为管道外空气的平均温度，℃；$\lambda_1$ 为管道的导热系数，W/(m·K)；$\lambda_2$ 为保温材料的导热系数，W/(m·K)；$h_1$ 为管内流体表面传热系数，W/(m·K)；$h_2$ 为保温层外表面传热系数，W/(m·K)。

取某一时刻，$\tau=0$ 时，$\Delta t_e = t_e - t_1$；$\tau = L/v$ 时，$\Delta t_m = t_m - t_1$。则在 $\mathrm{d}\tau$ 的时间内，管道内流体与周围空气的温差为 $\Delta t + \mathrm{d}(\Delta t)$。

其中，$t_e$ 为流体进入管道时的温度，℃；$t_m$ 为流体流出管道时的温度，℃。

故根据式(6-2)和能量守恒定律：

$$\rho A C_P[\Delta t + \mathrm{d}(\Delta t) - \Delta t] = \frac{\pi[\Delta t + \Delta t + \mathrm{d}(\Delta t)]/2}{\frac{1}{h_1 d_1} + \frac{1}{2\lambda_1}\ln(\frac{d_2}{d_1}) + \frac{1}{2\lambda_2}\ln(\frac{d_3}{d_2}) + \frac{1}{h_2 d_3}}\mathrm{d}\tau \qquad (6-3)$$

式中：$\rho$ 为管道内流体的密度，$kg/m^3$；$A$ 为管道的横截面面积，$m^2$；$C_P$ 为水的比热容，$kJ/(kg \cdot ℃)$。

为简化方程求解，忽略二次小量 $d(\Delta t) \cdot d\tau$，则式(6-3)可化为：

$$\rho A C_P d(\Delta t) = \cfrac{\pi \Delta t}{\cfrac{1}{h_1 d_1} + \cfrac{1}{2\lambda_1}\ln(\cfrac{d_2}{d_1}) + \cfrac{1}{2\lambda_2}\ln(\cfrac{d_3}{d_2}) + \cfrac{1}{h_2 d_3}} d\tau \qquad (6-4)$$

对式(6-3)两端就该段流体从进入管道到流出管道这段时间内积分：

$$\int_{\Delta t_e}^{\Delta t_m} \rho A C_P [\Delta t + d(\Delta t) - \Delta t] = \int_0^{L/v} \cfrac{\pi[\Delta t + \Delta t + d(\Delta t)]/2}{\cfrac{1}{h_1 d_1} + \cfrac{1}{2\lambda_1}\ln(\cfrac{d_2}{d_1}) + \cfrac{1}{2\lambda_2}\ln(\cfrac{d_3}{d_2}) + \cfrac{1}{h_2 d_3}} d\tau \quad (6-5)$$

可得：

$$\Delta t_l = e^{\frac{L}{\rho A C_P v} \cdot \frac{\pi}{\frac{1}{h_1 d_1} + \frac{1}{2\lambda_1}\ln(\frac{d_2}{d_1}) + \frac{1}{2\lambda_2}\ln(\frac{d_3}{d_2}) + \frac{1}{h_2 d_3}}} \Delta t_e \qquad (6-6)$$

又质量流量 $Q_m = \rho A v$，令

$$\theta = \cfrac{L}{C_P Q_m} \cdot \cfrac{\pi}{\cfrac{1}{h_1 d_1} + \cfrac{1}{2\lambda_1}\ln(\cfrac{d_2}{d_1}) + \cfrac{1}{2\lambda_2}\ln(\cfrac{d_3}{d_2}) + \cfrac{1}{h_2 d_3}}$$

则式(6-6)可化为：

$$\Delta t_m = e^{\theta} \Delta t_e \qquad (6-7)$$

故管内流体的温升：

$$\Delta t = \Delta t_m - \Delta t_e = (e^{\theta} - 1)\Delta t_e \qquad (6-8)$$

因此，管道内流体的温升是一个关于流体质量流量的幂函数，且温升的大小与管道内流体与管外环境的温差、管道和保温材料的导热系数以及管道与保温材料的厚度有关。

对于一个实际的冷量输出系统，则冷水从制冷机传输到末端设备过程中的能量损失：

$$\Delta W_1 = Q_m C_P \Delta t_1 \qquad (6-9)$$

那么冷水从末端设备返回到制冷机过程中的能量损失：

$$\Delta W_2 = Q_m C_P \Delta t_2 \qquad (6-10)$$

则一个完整的冷水传输过程中的能量损失：

$$\Delta W = \Delta W_1 + \Delta W_2 = Q_m C_P (\Delta t_1 + \Delta t_2) \qquad (6-11)$$

## 6.5.2  各级闭式循环冷量损失

根据本项目要求，制冷机的供回水出水温度为 $3.1 ℃/9.9 ℃$，即 $t_h = 10 ℃$，$t_g = 3 ℃$，以此为定性温度，查得 $\lambda_f = 0.558 \ W/(m \cdot K)$，$\nu = 1.644 \times 10^{-6} \ m^2/s$，$Pr_f = 12.43$，装机容量为 $1\ 500 \ kW$，冷水流量为 $Q = 190.8 \ m^3/h$，又 $\rho = 1\ 000 \ kg/m^3$，故 $Q_m = \rho Q = 52.5 \ kg/s$。

第一级闭式循环管道长度 $L = 540 \ m$，管内径 $d_1 = 0.2 \ m$，管外径 $d_2 = 0.21 \ m$，保温材料厚 $50 \ mm$，则 $d_3 = 0.31 \ m$，钢管导热系数 $\lambda_1 = 45 \ W/(m \cdot K)$，保温材料导热系数 $\lambda_2 = 0.14$ $W/(m \cdot K)$，$h_2 = 8 \ W/(m \cdot K)$，管外空气温度 $t_1 = 32 ℃$，$C_P = 4\ 200 \ J/(kg \cdot K)$；则管内水

流速 $u = 1.67$ m/s，$Re_f = \dfrac{ud_1}{\upsilon} = 2.03 \times 10^5 > 10^4$，流动处于旺盛湍流区，故 $Nu_f =$

$0.023Re_f^{0.8}Pr_f^{0.4} = 1\,110.5$，$h_1 = \dfrac{\lambda_f}{d_1}Nu_f = 3\,098.3$ W/(m²·K)。

由式(6-6)~式(6-8)可得：

$$\theta = \frac{L}{C_P Q_m} \cdot \frac{\pi}{\dfrac{1}{h_1 d_1} + \dfrac{1}{2\lambda_1}\ln\left(\dfrac{d_2}{d_1}\right) + \dfrac{1}{2\lambda_2}\ln\left(\dfrac{d_3}{d_2}\right) + \dfrac{1}{h_2 d_3}} = 4.3 \times 10^{-3}$$

在供冷水段：

$$\Delta t_e = t_1 - t_g = 29 \ ℃$$

则 $\Delta t_1 = (e^\theta - 1)\Delta t_e = 0.12 \ ℃$

在回水段：

$$\Delta t_e = t_1 - t_h = 22 \ ℃$$

则 $\Delta t_2 = (e^\theta - 1)\Delta t_e = 0.09 \ ℃$

由式(6-11)可得

$$\Delta W = Q_m C_P (\Delta t_1 + \Delta t_2) = 46.3 \ kW$$

同理，第二级闭式循环中，管道长度 $L = 700$ m，$t_h = 11.1 \ ℃$，$t_g = 4.9 \ ℃$，$t_1 = 32 \ ℃$，则由式(6-6)~式(6-8)可得：

$$\theta = \frac{L}{C_P Q_m} \cdot \frac{\pi}{\dfrac{1}{h_1 d_1} + \dfrac{1}{2\lambda_1}\ln\left(\dfrac{d_2}{d_1}\right) + \dfrac{1}{2\lambda_2}\ln\left(\dfrac{d_3}{d_2}\right) + \dfrac{1}{h_2 d_3}} = 5.57 \times 10^{-3}$$

在供冷水段：

$$\Delta t_e = t_1 - t_g = 27 \ ℃$$

则 $\Delta t_1 = (e^\theta - 1)\Delta t_e = 0.15 \ ℃$

在回水段：

$$\Delta t_e = t_1 - t_h = 21 \ ℃$$

则 $\Delta t_2 = (e^\theta - 1)\Delta t_e = 0.12 \ ℃$

由式(6-11)可得：

$$\Delta W = Q_m C_P (\Delta t_1 + \Delta t_2) = 59.5 \ kW$$

第三级闭式循环中，管道长度 $L = 647$ m，$t_h = 12.3 \ ℃$，$t_g = 6.7 \ ℃$，$t_1 = 32 \ ℃$，则由式(6-6)~式(6-8)可得：

$$\theta = \frac{L}{C_P Q_m} \cdot \frac{\pi}{\dfrac{1}{h_1 d_1} + \dfrac{1}{2\lambda_1}\ln\left(\dfrac{d_2}{d_1}\right) + \dfrac{1}{2\lambda_2}\ln\left(\dfrac{d_3}{d_2}\right) + \dfrac{1}{h_2 d_3}} = 5.15 \times 10^{-3}$$

在供冷水段：

$$\Delta t_e = t_1 - t_g = 25.3 \ ℃$$

则 $\Delta t_1 = (e^\theta - 1)\Delta t_e = 0.13 \ ℃$

在回水段：

$$\Delta t_e = t_1 - t_h = 19.7 \text{ ℃}$$

则 $\Delta t_2 = (e^\theta - 1)\Delta t_e = 0.1 \text{ ℃}$

由式(6-11)可得：

$$\Delta W = Q_m C_p (\Delta t_1 + \Delta t_2) = 50.7 \text{ kW}$$

综上所述,在理论计算中,每级闭式循环里管道与周围空气之间热交换所造成的温升较小,损失的能量占装机容量的 3.3% 左右,而冷水泵的轴功通过摩擦作用转化为流体的内能也会带来一部分温升,同时考虑到实际施工过程中一些意外因素导致保温层效果较差,故建议考虑每级供回水管路的温升均为 0.6 ℃,并绘制整个项目的空调水系统设计示意图,如图 6-6 所示,并列举了某国产换热器的性能参数及对应的价格,见表 6-5,以供参考。

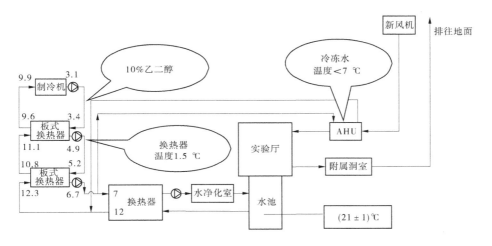

图 6-6　空调水系统两次换热设计示意

表 6-5　换热器的性能参数及价格

| 项目 | 型号尺寸/国产 | 冷侧 | | | 热侧 | | | 换热面积/$m^2$ | 换热量/kW | 报价/万元 |
|---|---|---|---|---|---|---|---|---|---|---|
| | | 进口/℃ | 出口/℃ | 流量/(t/h) | 进口/℃ | 出口/℃ | 流量/(t/h) | | | |
| 一级板式换热器 | JX95M/345HL/E4-G 宽 750 mm×高 2 050 mm 304 板片 EPDM 胶垫 | 3.4 | 9.6 | 190.8 | 11.1 | 4.9 | 190.8 | 311.4 | 1 500 | 12.2 |
| 二级板式换热器 | JX95M/243H/E4-G 宽 750 mm×高 2 050 mm 304 板片 EPDM 胶垫 | 5.2 | 10.8 | 190.8 | 12.3 | 6.7 | 190.8 | 314.4 | 1 368 | 11.3 |

**注**：一级板式换热器冷侧走的是浓度为 10% 的乙二醇水溶液,密度为 1 018 kg/$m^3$,比热容为 3 950 J/(kg·K)。

# 6.6　小　结

通过对空调水系统分区及低温供水进行专项研究,主要得到以下结论及建议:

(1)从安全可靠以及实际情况考虑,本项目采用了竖向分上、下 2 个区的形式来设计空调水系统;

(2)从能耗指标及投资回收期角度考虑,建议布置 2 台定频 750 kW+1 台变频 750 kW 的螺杆式冷水机组,其中一台定频螺杆式冷水机组备用;

(3)考虑到水泵工作在 50% 流量时的效率只有 100% 流量时的 76%,建议水泵选型时,在扬程满足的情况下,优先选择额定流量与所需流量接近的水泵型号;

(4)在理论计算中,每级闭式循环里管道与周围空气之间热交换所造成的温升较小,损失的能量占装机容量的 3.3% 左右,而冷水泵的轴功通过摩擦作用转化为流体的内能也会带来一部分温升,同时考虑到实际施工过程中一些意外因素导致保温层效果较差,故建议考虑每级供回水管路的温升均为 0.6 ℃。

# 第 7 章　深埋超大空间±1 ℃精度温度场气流组织

# 7.1　概　述

江门中微子深埋地下实验厅水池上方净尺寸为 56.25 m×49 m×27 m(长×宽×高),其跨度超过了国内已建地下洞室,为目前国内最大跨度拱顶结构。下方探测器水池深度达 44 m,又与多洞室或交通隧道连通,此类特征都对实验厅空调气流组织提出了挑战。同时室内散热、散湿源复杂,而安装期内对实验厅和水池的空气温度和湿度都分别有较高的精度要求,良好的通风空调气流组织方案是达到设计要求的关键。

鉴于中微子实验的重要性,为了保证实验厅内温度控制在(21±1) ℃的恒温精度要求,进行了深埋地下大空间洞室温度场气流组织 CFD 模拟专项研究:利用 CFD 模拟技术验证实验大厅的空调系统设计是否满足对实验大厅(21±1) ℃温度场的要求。通过比较不同送风工况下上部实验大厅的热湿环境,为空调设计提供参考,重点关注距离地面 3 m 以内热湿环境。

(1)对设计实验厅多种气流组织形式进行比选,开展温度场 CFD 模拟计算,以找到最佳的实验厅大空间分层空调气流组织形式。

(2)实验厅对附属洞室群及交通隧道气流扩散分析。

(3)安装期间水池内气流组织及送风方式研究。

中微子探测器水池上方为一大跨度结构,而运行期空调所需控制区域主要为靠近水面部分,本专项研究主要通过 CFD 手段对几种可选气流组织形式进行模拟比较,根据计算结果,反馈给设计进行讨论,根据反馈意见调整风口数量、位置、风速、送风角度、温度等参数,改善气流组织,直至达到实验厅温湿度要求。安装期水池部分同样遵照上述方式进行气流组织模拟。

地下交通隧道交错相通,实验厅中温湿度要求较高,增加研究交通隧道与实验厅之间空气的侵入与逸散,确定合理的空调处理能力余量,使控制区域温湿度处在设计范围。

# 7.2　(21±1) ℃恒温精度送风温差

在已知空调房间冷(热)、湿负荷的基础上,进而确定消除室内余热、余湿及维持室内空气的设计状态参数所需的送风状态和送风量作为选择空调设备的依据。

众所周知,如果室内温度与送风温度的温差(简称送风温差)选取值大,则送风量就小;反之,如果送风温差选取值小,送风量就大。对于空调系统来说,当然是风量越小越经济。但是,送风温差是有限制的。送风温差过大,将会出现:

(1)风量太小,可能使室内温湿度分布不均匀。

(2)送风温度将会很低,这样可能使室内人员感到"吹冷风"而感觉不舒服。

(3)有可能使送风温度低于室内空气露点温度,这样可能使送风口上出现结露现象。

因此,空调设计中应根据室温允许温度波动(恒温精度)选取送风温差,参见表 7-1。

表 7-1　送风温差

| 室温允许波动范围/℃ | 送风温差/℃ | 室温允许波动范围/℃ | 送风温差/℃ |
|---|---|---|---|
| ±(0.1~0.2) | 2~3 | ±1.0 | 6~10 |
| ±0.5 | 3~6 | >±1.0 | 人工冷源:≤15<br>天然冷源:可能的最大值 |

从表 7-1 得知,要求空调送风温差介于 6~10 ℃。从节能的角度来讲,空调风系统宜采用小风量、大温差(送风温差 10 ℃),空调送风温度应该设为 11 ℃,对应的空调冷水供水温度为 1 ℃左右,这是常规冷水机组难以实现的。如果冷水机组出水温度设为 1 ℃,为防止冷水结冰,通常采用 10%左右的乙烯乙二醇水溶液作为冷媒。由于乙烯乙二醇水溶液对镀锌材料有腐蚀性,且对整个管路系统设置要求较高,非特殊情况,一般不予考虑。

常规冷水机组的冷水供水、回水温度分别为 7 ℃、12 ℃。冷水机组产生的 7 ℃冷水要经过一次热交换才能最终到达地下实验厅的组合式空调机组,中间的热交换造成的温升约为 1.5 ℃,再加上长达 1 500 m 左右的管道沿程冷量损失(温升约为 0.6 ℃),到达实验厅组合式空调机组时,冷水温度将到达 9~10 ℃,难以满足实验厅的环境温度要求。

为避免冷水机组出水温度偏低,空调送风系统只能采用大风量、小温差(送风温差 6 ℃),送风温度应该设为 15 ℃,对应的空调冷水供水温度为 5 ℃左右。常规冷水机组提供的 7 ℃空调冷水依然无法满足实验厅空调机组的要求,冷水机组的出水温度只有控制在 3.5 ℃以下(中间换热器温升取 1.5 ℃,如果按照 1.0 ℃温升考虑的话,换热器价格会大幅度增加),才能满足实验厅空调机组的空调冷水进口温度在 5 ℃左右的要求。

经综合分析比较,最终确定两级空调冷水闭式循环的温度分别控制在 3.0~9.6 ℃、5.0~10.6 ℃。

# 7.3　超大空间 10 万级洁净度气流组织分析

## 7.3.1　洁净室概述

洁净空调技术也称洁净室技术。除满足空调房间的温湿度常规要求外,通过工程技术方面的各种设施和严格管理,使室内微粒子含量、气流、压力等也控制在一定范围内,这种特定空间称为洁净室。该技术在世界上已经历了半个多世纪的发展。在我国是 20 世纪 60 年代中期开始发展的。随着工业生产、医疗事业、高科技的发展,其应用范围愈加广泛,而且技术要求也更为复杂。目前它的代表性应用主要在微电子工业、医药卫生及食品工业等。

对大气尘来说,其中小于 1 μm 的约占总粒子数的 99%,但其质量分数约占 3%;10 μm 以上的粒子数量很少,而其质量分数可达 80%。一般要求洁净室关注的是 0.5 μm 的粒子,故其浓度的鉴别只能采用计数方法。

洁净室的洁净度一般是指洁净室内空气中大于或等于某一粒径的浮游粒子浓度(单

位空气体积内的粒子颗粒)。洁净室洁净度等级,各国均有标准规定,是不完全相同的。

我国采用的《洁净厂房设计规范》(GB 50073—2013)规定,洁净室级别标准是与 ISO 标准一致的。洁净室及洁净区空气洁净度整数等级见表 7-2。

表 7-2　洁净室及洁净区空气洁净度整数等级

| 空气洁净度 等级 N | 大于或等于要求粒径(μm)的最大浓度限值(pc/m³) | | | | | |
|---|---|---|---|---|---|---|
| | 0.1 | 0.2 | 0.3 | 0.5 | 1 | 5 |
| (ISO)1 | 10 | 2 | — | — | — | — |
| (ISO)2 | 100 | 24 | 10 | 4 | — | — |
| (ISO)3 | 1 000 | 237 | 102 | 35 | 8 | — |
| (ISO)4 | 10 000 | 2 370 | 1 020 | 352 | 83 | — |
| (ISO)5 | 100 000 | 23 700 | 10 200 | 3 520 | 832 | 29 |
| (ISO)6 | 1 000 000 | 237 000 | 102 000 | 35 200 | 8 320 | 293 |
| (ISO)7 | — | — | — | 352 000 | 83 200 | 2 930 |
| (ISO)8 | — | — | — | 3 520 000 | 832 000 | 29 300 |
| (ISO)9 | — | — | — | 35 200 000 | 8 320 000 | 293 000 |

洁净室外部空气的渗入是污染干扰洁净室洁净度的重要原因之一。因此,必须保持一定压差,不同等级的洁净室及洁净区,与非洁净区之间的压差,应大于或等于 5 Pa,洁净区与室外的压差应大于或等于 10 Pa。相反,工艺过程产生大量粉尘、有毒物质、易燃物质、易爆物质的工艺区,其操作室与其他房间之间应保持相对负压。

## 7.3.2　空气过滤器选择

空气过滤器可以按效率、构造形式、滤材等分类,但最本质的分类应按过滤效率来分,而过滤效率又是在特定的测试方法下测定的。

按我国《空气过滤器》(GB/T 14295—2019)和《高效空气过滤器》(GB/T 13554—2020)两个标准,把过滤器分为粗效、中效、高中效、亚高效、高效 5 类。从粗效到亚高效等级的过滤器,又称为一般空气过滤器。表 7-3 即一般空气过滤器按效率与阻力的分类。

表 7-3　一般过滤器分类

| 过滤器名称 | 额定风量下的计数效率 η/% | 阻力/Pa |
|---|---|---|
| 粗效过滤器 | 80>η≥20(粒径≥5 μm) | ≤50 |
| 中效过滤器 | 70>η≥20(粒径≥1 μm) | ≤80 |
| 高中效过滤器 | 99>η≥70(粒径≥1 μm) | ≤100 |
| 亚高效过滤器 | 99.9>η≥95(粒径≥0.5 μm) | ≤120 |

江门中微子实验厅洁净度要求达到 10 万级,在空调送风系统末端应装设亚高效过滤器。

### 7.3.3　洁净室气流组织型式

洁净室的气流组织与一般空调房间有所不同,它要求将最干净的空气首先送到操作部位,其作用在于限制和减少对加工物的污染。为此,在气流组织设计时应考虑以下这些原则:尽量减少涡流,避免将工作区以外的污染带入工作区;尽量防止灰尘的二次飞扬以减少灰尘对工件的污染机会;工作区的气流要尽量均匀,且其风速要满足工艺和卫生要求,当气流向回风口流动时要使空气中的灰尘能有效地带走。根据不同的洁净度要求,选择不同的送、回风方式。

洁净室按照气流组织形式可分为两种:

(1)单向流洁净室(也称平行流或层流洁净室)装有高效过滤器的送风口和设在下部的回风口面积均等于房间断面,室内气流流线平行、流向单一,并且有一定的、均匀的断面风速。送出空气流像活塞一样置换室内产生的污染,使房间保持很高的洁净度。

(2)非单向流洁净室(也称乱流洁净室)装有高效过滤器的送风口和普通空调送风方式那样向室内送风(上送),回风口设在两侧,借送出口空气的不均匀扩散来稀释室内的发尘量,以保持室内的洁净度。

单向流和非单向流洁净室的主要区别参见表 7-4。

表 7-4　单向流与非单向流洁净室的比较

| 洁净室类型 | 单向流洁净室 | 非单向流洁净室 |
|---|---|---|
| 作用原理 | 活塞作用、置换空气 | 稀释作用 |
| 适用洁净级别 | <5 级 | 6~9 级 |
| 换气次数/(次/h) | 500~250 | 80~15 |
| 气流组织 | 用高效过滤器布满(满布率为 60%~90%),垂直或水平平行流 | 普通空调送、回风方式 |
| 送风量 | 热湿处理风量<<净化要求风量 | 热湿处理风量<净化要求风量 |
| 循环空气 | 两次回风+净化循环回风机 | 一次或两次回风方式 |
| 自净时间/min | 2~5 | 20~30 |
| 噪声水平/dB(A) | 60~65 | 55~60 |
| 造价/(元/m²) | 4 500~7 500 | 1 500~3 000 |
| 运行能耗/(kW/m²) | 1.2~1.8 | 0.1~0.2 |

### 7.3.4　超大空间气流组织分析

不同的气流组织,其特点和范围如下:

(1)垂直单向流:具有可获得均匀向下气流,便于工艺设备布置,自净能力强,可简化人身净化设施等优点。

　　（2）水平单向流：只在第一工作区达到要求的洁净度，当空气流向另一侧的过程中含尘浓度逐渐升高，所以仅适用于同一房间工艺过程有不同洁净度要求的洁净室；送风墙局部布高效过滤器较满布水平送可减少高效过滤器用量，节约初投资，但局部区域有涡流。

　　（3）乱流型气流：孔板顶送和密集散流器顶送的特点与前述相同。侧送的优点为易于管道布置，无须技术夹层，造价低，有利于旧厂房改造；缺点是工作区风速较大，下风侧比上风侧含尘浓度高。高效过滤器风口顶送具有系统简单、高效过滤器后无管道、洁净气流直接送达工作区等优点，但洁净气流扩散缓慢，工作区气流较均匀；不过当均匀地布置多个风口或采用带扩散板的高效过滤器风口时，也可使得工作区气流较均匀，但在系统非连续运行的情况下，扩散板易积尘。

　　根据上述不同气流组织的特点，经过认真研究分析，认为实验厅 10 万级洁净环境应采用非单向流的气流组织形式，主要从送风洁净度、气流组织、送风量、静压差等方面来设计考虑。

　　首先要保证送风洁净度符合要求，关键是净化系统末级过滤器的性能和安装。空调机组出口采用中效过滤器，净化系统末级过滤器采用亚高效过滤器。

　　大空间空调或通风常用喷口送风，可以侧送，也可以垂直下送，喷口通常是平行布置的。当喷口相距较近时，射流达到一定射程时会相互重叠而汇合成一股气流。

　　由于地下实验厅空间较大，单侧送风距离较远，因此考虑在实验厅长度方向两侧对喷的方式。

　　在设计上，深埋地下实验厅最终采用了"中间喷口侧送风、上下湿氡分除排风"的分层空调、非垂直单向流气流组织形式，上部排除拱顶及上部侧墙渗出的湿气、下部排除岩石析出并沉积在实验厅下部的氡气。在实验厅纵向两边端墙中部分别设置 2 条空调送风管，通过喷口侧送风，将空调冷风送到实验厅中部区域；排风分为上、下两部分同时排风，上部通过 2# 施工支洞排出 4 000 m³/h，主要排除实验厅拱顶及上部侧墙渗出的湿气，下部通过液闪灌装间排出约 1 000 m³/h、每个电子学间排出约 3 000 m³/h、每个空调机房排出约 2 000 m³/h，主要排除实验厅岩壁析出并沉积在实验厅下部的氡气。

　　在送风量上，适当增大换气次数 10% ~ 20%，达到 10 次/h，以稀释和排除室内污染空气。

　　实验厅外面就是交通排水廊道，为保证室内 10 万级的洁净度，必须防止交通排水廊道内的非洁净空气渗入，为此采取了下述措施：适当增大送风管断面，新风量大于排风量，使实验厅始终处于微正压状态，防止室外的氡气、灰尘进入，并在回风口处设置空气阻尼层，对气流起到一定的过滤作用；控制风道内及出风口风速，降低实验厅的噪声污染。

　　经过上述一系列技术措施，可以满足实验厅达到 10 万级的洁净度要求。

## 7.3.5　喷口送风的设计计算

### 7.3.5.1　喷口送风的设计计算步骤

　　喷流的形状主要取决于喷口位置和阿基米德数 $A_r$，即喷口直径 $d_s$、喷口风速 $v_s$、喷口角度 $\alpha$ 以及送风温差 $\Delta t_s$。回流的形状主要取决于喷流构造、建筑布置和回风口的位置。

　　喷口风速 $v_\mathrm{S}$ 的大小直接影响喷流的射程,也影响涡流区的大小。$v_\mathrm{S}$ 越大,射流就越远,涡流区域小。当 $v_\mathrm{S}$ 一定时,喷口直径 $d_\mathrm{S}$ 越大,射流也越远。因此,设计时应根据工程要求,选择合理的喷口风速。

　　喷口有圆形和扁形[高宽比(1:10)~(1:20)为扁风口]2 种形式。圆风口紊流系数较小,$\alpha = 0.07$,射程较远,速度衰减亦较慢,而扁喷口在水平方向扩散要比圆形快些,但在一定距离后,则与圆喷口相似。

　　喷口侧送风气流组织设计流程见图 7-1。

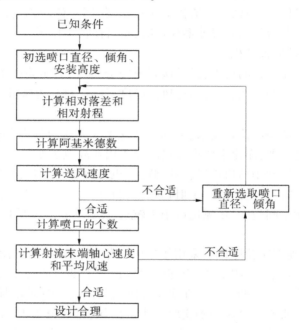

**图 7-1　喷口侧送风气流组织设计流程**

计算步骤如下:

　　(1)初选喷口直径 $d_\mathrm{S}$、喷口角度 $\alpha$、喷口安装高度 $h$。喷口直径 $d_\mathrm{S}$ 一般在 0.2~0.8 m;喷口角度 $\alpha$ 按照计算确定,一般冷射流 $\alpha = 0° \sim 15°$;喷口位置及安装高度 $h$ 应根据工程具体要求而确定:$h$ 太小,射流会直接进入工作区,影响舒适程度;$h$ 太大也不大适宜。对于一些高大公共建筑,$h$ 一般在 6~10 m。

　　(2)计算相对落差 $y/d_\mathrm{S}$ 和相对射程 $x/d_\mathrm{S}$。

　　(3)根据要求达到的气流射程 $x$ 和垂直落差 $y$,按照下列公式计算阿基米德数 $A_\mathrm{r}$。

　　①当 $\alpha = 0°$ 且送冷风时:

$$A_\mathrm{r} = \frac{\dfrac{y}{d_\mathrm{S}}}{\left(\dfrac{x}{d_\mathrm{S}}\right)^2 \left(0.51\dfrac{ax}{d_\mathrm{S}} + 0.35\right)} \tag{7-1}$$

　　②当 $\alpha$ 角向下且送冷风时:

$$A_r = \frac{\dfrac{y}{d_s} - \left(\dfrac{x}{d_s}\right)\tan\alpha}{\left(\dfrac{x}{d_s\cos\alpha}\right)^2 \left(0.51\dfrac{ax}{d_s\cos\alpha} + 0.35\right)} \qquad (7\text{-}2)$$

式中：$\alpha$ 为喷口的紊流系数，对于带收缩口的圆喷口，$\alpha = 0.07$；对圆柱形喷口，$\alpha = 0.08$。

③计算送风速度 $v_s$。根据阿基米德数定义式，有

$$v_s = \sqrt{\frac{g d_s \Delta t_s}{A_r (t_n + 273)}} \qquad (7\text{-}3)$$

计算出的 $v_s$ 如在 4～10 m/s 范围内是合适的，若 $v_s > 10$ m/s，应重新假设 $d_s$ 或 $\alpha$ 值，重新计算，直到合适为止。

④根据 $d_s$、$v_s$、$L_s$ 计算喷口的个数

$$n = \frac{L_s}{l_s} = \frac{L_s}{\dfrac{\pi}{4}d_s^2 v_s} \qquad (7\text{-}4)$$

计算出的 $n$ 值取整后，可计算出实际的送风速度 $v_s$。

⑤计算射流末端轴心速度 $v_x$ 和射流平均速度 $v_p$。

$$v_x = v_s \frac{0.48}{\dfrac{ax}{d_s} + 0.145} \qquad (7\text{-}5)$$

$$v_p = \frac{1}{2} v_x \qquad (7\text{-}6)$$

$v_p$ 应当满足工作区的风速要求，若 $v_p$ 不满足工作区的风速要求，应重新选取 $d_s$ 或 $\alpha$ 值，重新计算。

### 7.3.5.2 实验厅喷口送风的设计计算

已知实验厅位于地下约 700 m，为拱顶型空间，尺寸为 56.25 m×49 m×27 m（长×宽×高），室内温度（21±1）℃，送风温差 $\Delta t_s = 6$ ℃。

在实验厅纵方向两端墙与交通排水廊道连接处各设置 1 个空调机房，分别为 1# 、2# 空调机房，每个空调机房内各设置 2 台组合式空调机组，用于实验厅及液闪灌装间的通风与空气调节。实验厅中心探测器距离两侧 1# 、2# 空调机房的距离分别为 31.25 m、25 m，其中 1# 空调机房内的 2 台组合式空调机组设计风量均为 $L_{S1} = 23\,580$ m³/h，冷量 110 kW，机外余压 300 Pa；2# 空调机房内 2 台组合式空调机组风量均为 $L_{S2} = 30\,180$ m³/h，冷量 128 kW，机外余压 300 Pa。

在实验厅纵向两侧端墙上，分别布置 2 条空调送风管，每台组合式空调机组对应 1 条空调送风管，在风管侧面开设的球形喷口（喷口中心标高 7.5 m）向实验厅探测器中心区域侧送风（两侧喷口的送风距离分别为 31.25 m、25 m），在送风干管上装设亚高效过滤器。实验厅拱顶高 27 m，空调送风管喷口中心距实验厅地面 7.5 m，回风采用下回风方式，实验厅相当于分层空调，实验厅下部空调区域循环风量约相当于 6 次/h。

（1）初选喷口直径 $d_s = 0.4$ m，喷口角度 $\alpha = 0$，工作区高度 2 m，喷口安装高度 7.5 m。

从而有 $x_1 = 31.25 - 2 = 29.25(\text{m})$，$y_1 = 7.5 - 2 = 5.5(\text{m})$。

（2）计算相对落差 $y/d_S$ 和相对射程 $x/d_S$。相对射程 $x_1/d_S = 73.13$，相对落差 $y/d_S = 13.75$。

（3）计算阿基米德数 $A_r$。

$$A_r = \cfrac{\dfrac{y}{d_S}}{\left(\dfrac{x}{d_S}\right)^2 \left(0.51 \dfrac{ax}{d_S} + 0.35\right)}$$

$$= \cfrac{13.75}{73.13^2 \times \left(0.51 \times \dfrac{0.07 \times 29.25}{0.4} + 0.35\right)}$$

$$= 0.000\,87$$

（4）计算送风速度 $v_S$。

$$v_S = \sqrt{\frac{g d_S \Delta t_S}{A_r(t_n + 273)}}$$

$$= \sqrt{\frac{9.8 \times 0.4 \times 6}{0.000\,87 \times (21 + 273)}}$$

$$= 9.60(\text{m/s})$$

该送风速度合适，略微有点高（目前送风量是按照空调计算风量取值，设备选型要乘以 1.1 倍的放大系数，因此实际的送风速度会大于 10 m/s）。

（5）计算风口的个数 $n$。

$$n = \frac{L_S}{l_S} = \frac{L_S}{\dfrac{\pi}{4} d_S^2 v_S}$$

$$= \cfrac{23\,580/3\,600}{\dfrac{3.14}{4} \times 0.4^2 \times 9.6}$$

$$= 5.43$$

本书取 6 个。

实际送风速度 $v_S = 6.52$ m/s。

（6）计算射流末端轴心速度 $v_X$ 和射流平均速度 $v_P$。

$$v_X = v_S \cfrac{0.48}{\dfrac{ax}{d_S} + 0.145}$$

$$= 6.52 \times \cfrac{0.48}{\dfrac{0.07 \times 29.25}{0.4} + 0.145}$$

$$= 0.59(\text{m/s})$$

$$v_P = \frac{1}{2}v_X$$
$$= 0.30 \ \text{m/s}$$

满足工作区风速要求。

由于实验厅宽度为 49 m,如选用 12 个喷口,每个喷口的距离约为 4 m,后根据实际情况对风口大小、间距、数量进行了微调,风口数量改为 16 个,风口中心间距调整为 3 m 左右,风口大小调整为 $\phi$375 mm。

经重新计算,1$^{\#}$空调机房侧风口实际风速为 7.42 m/s,射流平均速度 $v_P$ 为 0.32 m/s;2$^{\#}$空调机房侧风口实际风速为 6.04 m/s,射流平均速度 $v_P$ 为 0.33 m/s,均满足工作区风速要求。

## 7.4　实验厅风口空间布局及参数

### 7.4.1　实验厅风口空间布局

实验厅位于地下约 700 m,为拱顶型空间,长×宽×高为 56 m×49 m×27 m。长度方向端墙两侧各有 16 个圆形送风口,底部另设 2 个送风口、6 个排风口。四周为花岗岩岩层,常年保持 32 ℃。其散湿量取 5 g/(m²·h)。大厅中央为人员活动区。实验厅风口空间布局可见图 7-2。

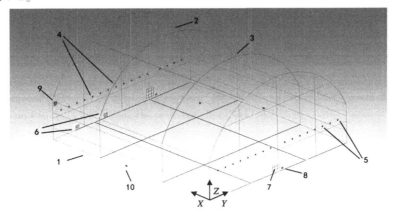

1—地面;2—墙;3—屋顶;4—圆形送风口(甲);5—圆形送风口(乙);
6—底部送风口;7—底部回风口;8—底部排风口;9—上部排风口;10—侧排风口。

**图 7-2　实验厅风口空间布局**

### 7.4.2　实验厅风口设计参数

实验厅的室内设计参数为:干球温度(21±1) ℃,相对湿度≤70%。送风口送风参数见表 7-5。

表 7-5  送风口送风参数

| 风口名称 | 风口数量 | 送风量/<br>($m^3/h$) | 风口风速/<br>(m/s) | 温度/℃ | 相对湿度/% |
|---|---|---|---|---|---|
| 圆形送风口(甲) | 16 | 39 240 | 6.168 | 15 | 89 |
| 圆形送风口(乙) | 16 | 47 000 | 7.388 | 15 | 89 |
| 底部送风口 | 2 | 21 000 | 2.333 | 21 | 63 |

# 7.5  数值模拟方法

## 7.5.1  模拟工况设置

如表 7-6 所示,Case 1 为设计工况,出于节能考虑,也计算了设计风量的95%(Case 2)及90%(Case 3)下实验厅的温湿度场模拟工况。

表 7-6  模拟工况设置

| 工况设置 | CFD 模拟内容 |
|---|---|
| Case 1 | 圆形送风口(甲):6.168 m/s;圆形送风口(乙):7.388 m/s |
| Case 2 | 圆形送风口(甲):5.860 m/s;圆形送风口(乙):7.019 m/s |
| Case 3 | 圆形送风口(甲):5.551 m/s;圆形送风口(乙):6.649 m/s |

## 7.5.2  网格划分

模型采用非结构化网格对计算区域进行离散。全局尺寸为 1 m,地面、墙、屋顶面网格尺寸为 0.25 m;球形风口面网格尺寸为 25 mm;其他类型风口面网格尺寸为 50 mm。棱柱层网格初始高度 0.02 m,高度比 1.2,层数 10。网格数约为 1 475 万个。

## 7.5.3  边界条件设置

CFD 模拟中边界条件的设置如表 7-7 所示。

表 7-7　边界条件情况

| 序号 | 边界名称 | 尺寸/mm | 边界类型 | 边界参数 |
|---|---|---|---|---|
| 1 | 地面 | — | Wall | 绝热 |
| 2 | 墙 | — | Mass-flow-inlet | 壁面温度:32 ℃ |
| 3 | 屋顶 | — | Wall | 绝热 |
| 4 | 圆形送风口(甲) | $\phi$375 | Velocity-inlet | 见表 7-5 |
| 5 | 圆形送风口(乙) | $\phi$375 | Velocity-inlet | 见表 7-5 |
| 6 | 底部送风口 | 1 250×1 000 | Velocity-inlet | 见表 7-5 |
| 7 | 底部回风口 | 2 500×2 000 | Pressure-outlet | 表压 0 Pa |
| 8 | 底部排风口 | 630×500 | Pressure-outlet | 表压 0 Pa |
| 9 | 上部排风口 | 630×500 | Pressure-outlet | 表压 0 Pa |
| 10 | 侧排风口 | 630×500 | Pressure-outlet | 表压 0 Pa |

## 7.5.4　物理模型的选择

由于计算温度场与湿度场,选取能量方程(Energy Equation)与质量组分方程(Species transport Equation)。该模型使用 ANSYS Fluent 进行流场和温度场模拟,选择 $k$-$\varepsilon$ 湍流模型,采用 SIMPLE 算法,压力离散方法为 PRESTO! 考虑重力;对于温差引起的浮升力,密度采用 Boussinesq 假设;稳态计算。

## 7.5.5　求解收敛的判断

判断依据为:能量方程的残差小于 $10^{-6}$,连续性方程、质量组分方程、各速度分量的残差小于 $10^{-3}$;并且各残差线都趋于水平,即随迭代次数的增加各残差变化趋于稳定,以保证各参数值的稳定。

# 7.6 CFD 模拟结果与分析

## 7.6.1 Case 1 模拟结果

Case 1 的模拟结果见图 7-3～图 7-10。

图 7-3　Case 1 $Y$=12.25 m 温度分布

图 7-4　Case 1 $Y$=12.25 m 相对湿度分布

图 7-5　Case 1 $Y$=24.5 m 温度分布

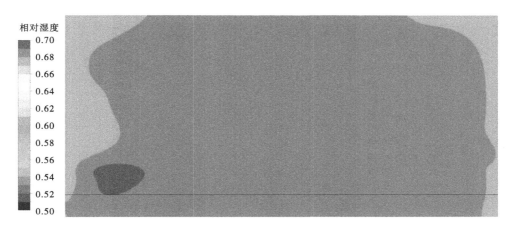

图 7-6　Case 1 Y = 24.5 m 相对湿度分布

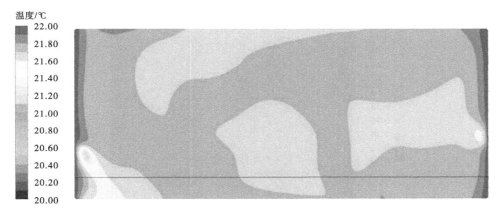

图 7-7　Case 1 Y = 36.75 m 温度分布

图 7-8　Case 1 Y = 36.75 m 相对湿度分布

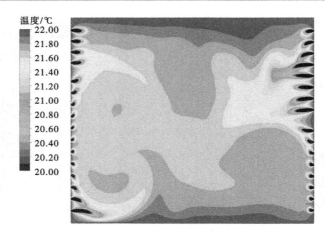

图 7-9　Case 1 $Z$ = 7.5 m 温度分布

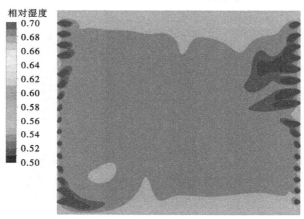

图 7-10　Case 1 $Z$ = 7.5 m 相对湿度分布

### 7.6.2　Case 2 模拟结果

Case 2 的模拟结果见图 7-11~图 7-18。

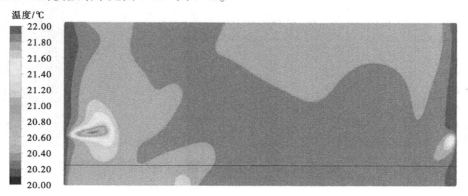

图 7-11　Case 2 $Y$ = 12.25 m 温度分布

相对湿度

图 7-12　Case 2 $Y=12.25$ m 相对湿度分布

温度/℃

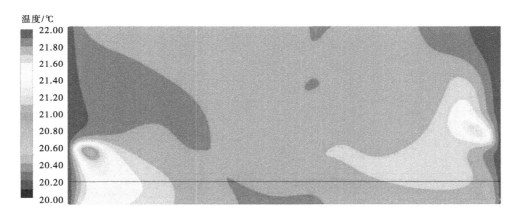

图 7-13　Case 2 $Y=24.5$ m 温度分布

相对湿度

图 7-14　Case 2 $Y=24.5$ m 相对湿度分布

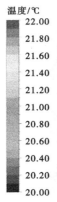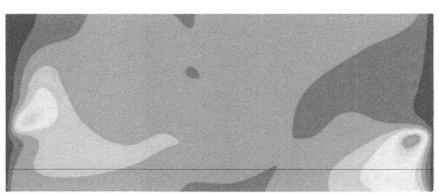

图 7-15　Case 2 $Y=36.75$ m 温度分布

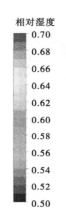

图 7-16　Case 2 $Y=36.75$ m 相对湿度分布

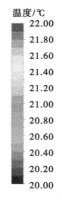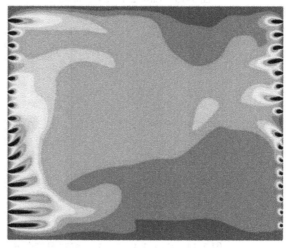

图 7-17　Case 2 $Z=7.5$ m 温度分布

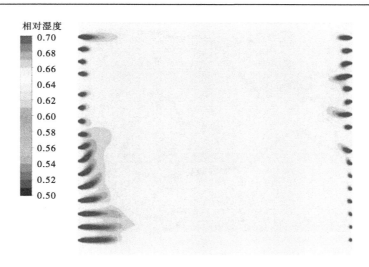

图 7-18　Case 2 Z=7.5 m 相对湿度分布

## 7.6.3　Case 3 模拟结果

Case 3 的模拟结果见图 7-19~图 7-22,Case 1 的模拟结果见图 7-23~图 7-26。

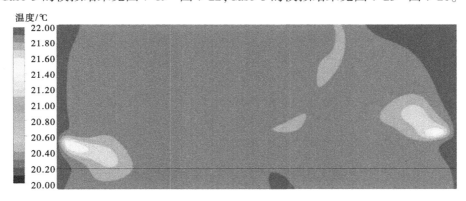

图 7-19　Case 3 Y=12.25 m 温度分布

图 7-20　Case 3 Y=12.25 m 相对湿度分布

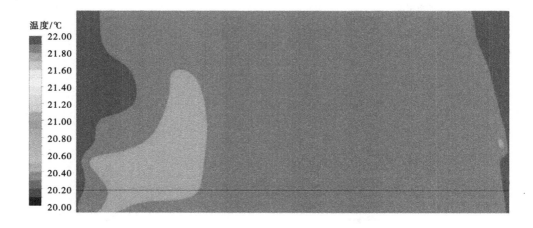

图 7-21　Case 3 $Y$=24.5 m 温度分布

图 7-22　Case 3 $Y$=24.5 m 相对湿度分布

图 7-23　Case 1 $Y$=36.7 m 温度分布

图 7-24　Case 1 $Y=36.75$ m 相对湿度分布

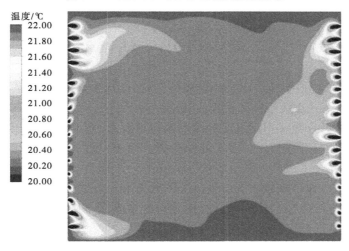

图 7-25　Case 1 $Z=7.5$ m 温度分布

图 7-26　Case 1 $Z=7.5$ m 相对湿度分布

### 7.6.4　模拟结果分析

上部实验大厅重点关注的 3 m 以下区域的温湿度参数,见表7-8。随着圆形风口送风量减小 95%(Case 2)和 90%(Case 3),实验大厅 3 m 以下区域的平均温度上升,相对湿度下降。

表 7-8　各工况温湿度

| 工况 | 3 m 以下区域平均温度/℃ | 3 m 以下区域平均相对湿度/% |
|---|---|---|
| Case 1 | 21.7 | 68.1 |
| Case 2 | 21.9 | 65.0 |
| Case 3 | 21.9 | 64.6 |

# 7.7　小　结

通过 CFD 技术模拟实验大厅的热湿环境,验证设计参数的可靠性,进而对设计参数进行优化,得出以下几点关于实际工程的结论:

(1)送排风设计参数基本满足实验厅的温湿度要求,实验厅 3 m 以下大部分区域温度维持在(21±1)℃范围内,相对湿度维持在 70% 以下,超出 22 ℃ 及相对湿度 70% 的区域均位于岩壁附近。

(2)小幅度减少设计参数的圆形风口送风量,3 m 以下区域温度会有所上升,但大部分区域温度仍维持在(21±1)℃范围内,而相对湿度则呈下降的趋势,出于节能的考虑,可小幅度减少送风量。

# 第 8 章　中心探测器有机玻璃球拼接过程恒温洁净环境控制

# 8.1　有机玻璃球拼接过程概述

## 8.1.1　概述

中心探测器是江门中微子实验项目的核心装置。中心探测器整体形状为球形,中心探测器由不锈钢网壳、有机玻璃球和 PMT 组成,其中有机玻璃球内径为 35.4 m,厚度为120 mm,由一片片长约 12 m 的有机玻璃黏接而成,不锈钢网壳内径40.1 m、外径41.1 m。中心探测器在实验厅地面向下开挖的巨型圆柱体(直径 43.5 m、高 44.0 m)空间内现场组装,待中心探测器组装完成后,内将注入超级洁净水,浸没中心探测器,巨型圆柱体将成为一个巨大的水池。

首先进行支撑中微子探测器的不锈钢网壳的安装,不锈钢网壳安装完成后,有机玻璃球开始从上往下在专用的安装平台上逐层进行拼装,待有机玻璃上半球安装完成、开始下半球安装时,PMT 开始从上往下逐层安装。整个探测器安装期间的主要热源为有机玻璃安装过程中的退火工序,需要采取一些通风手段将热量排出,维持实验厅内环境温度在(21±1) ℃范围内。

(1)中心探测器在水池中的位置:各部分在水池中的结构和位置分布如图 8-1 所示。

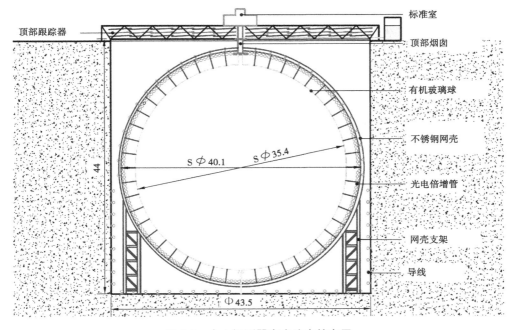

图 8-1　中心探测器在水池中的布局

（2）有机玻璃球退火说明：有机玻璃球从上到下逐层采取本体聚合的方式进行制作，整个球体分为23层，在制作完一层后，对黏接缝处需要用加热带进行加热退火处理。有机玻璃球分层结构如图8-2所示。

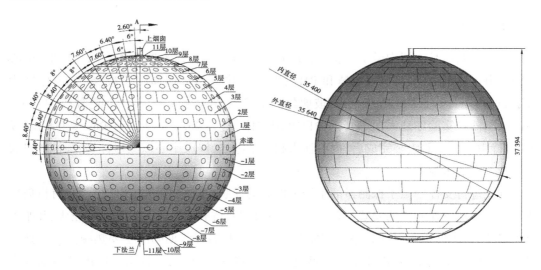

图 8-2　有机玻璃球分层示意　（单位：mm）

（3）退火时加热带铺设位置：以有机玻璃球安装制作到赤道层位置时为例，定义此时赤道层位置相对球体中心高度为0 m 当赤道层与上层球体黏接完成后，水平黏接缝和竖直黏接缝处在球体内外均铺设加热带，内外表面加热带功率相等。该过程如图8-3所示。

图 8-3　加热带位置分布

（4）退火加热参数：加热带分别在有机玻璃球壳内外表面同时工作，功率按照每6 m 加热带长度功率为10 kW 计算，加热时间为108 h，约占该层制作总时间的30%。各层功率如表8-1所示。由于每层加热带散发热量不同、加热带位置不同，针对每层均需设置通风系统，参数可能不一致。

表 8-1　各层有机玻璃板在退火过程中的功率

| 层数 | 板材数量 | 环缝长度/m | 位置/m | 半径/m | 横缝+竖缝功率/kW |
|---|---|---|---|---|---|
| 11/−11 | 3 | 10.852 4 | 17.615 5 | 1.727 2 | 40+30 |
| 10/−10 | 4 | 22.362 4 | 17.338 5 | 3.559 1 | 80+40 |
| 9/−9 | 7 | 33.997 1 | 16.852 7 | 5.410 8 | 120+70 |
| 8/−8 | 10 | 46.648 3 | 16.067 7 | 7.424 3 | 160+100 |
| 7/−7 | 10 | 59.590 6 | 14.944 6 | 9.484 1 | 200+100 |
| 6/−6 | 15 | 71.782 9 | 13.519 2 | 11.424 6 | 240+150 |
| 5/−5 | 15 | 82.906 2 | 11.797 6 | 13.194 9 | 280+150 |
| 4/−4 | 15 | 92.631 2 | 9.795 0 | 14.742 7 | 320+150 |
| 3/−3 | 15 | 100.628 0 | 7.536 3 | 16.015 4 | 340+150 |
| 2/−2 | 15 | 106.465 8 | 5.115 9 | 16.944 6 | 360+150 |
| 1/−1 | 15 | 110.019 3 | 2.585 7 | 17.510 1 | 380+150 |
| 赤道 | 15 | 111.212 4 | 0 | 17.700 0 | 380+150 |

注:1. 功率值分别为内外表面功率总和,有机玻璃球内外表面散热量相等;
　　2. 环缝长度按照板材中点长度近似计算;
　　3. 位置为相对于球圆心的高度位置。

（5）有机玻璃球安装平台介绍:安装平台为可移动式升降平台,为有机玻璃每一层的安装提供操作面。该平台采用双层桁架结构,上表面铺设平板,平台直径随着有机玻璃球安装位置的变化进行伸缩,在每一层安装位置处,平台的直径大于有机玻璃在该层的直径,延伸至不锈钢网壳内侧附近。平台结构中间开有 3 m×10 m 方孔作为货物的吊装通道。因此,中心探测器有机玻璃球安装期间,做好的有机玻璃球腔体内由于平台存在相对封闭,对流扩散效果不好,因此在做热分析时需要考虑平台的影响。有机玻璃安装平台结构如图 8-4 所示,平台在安装期间在中心探测器中的布置如图 8-5 所示。

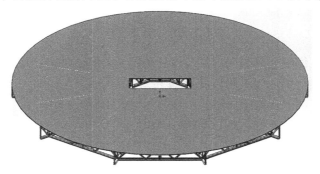

图 8-4　有机玻璃安装平台结构

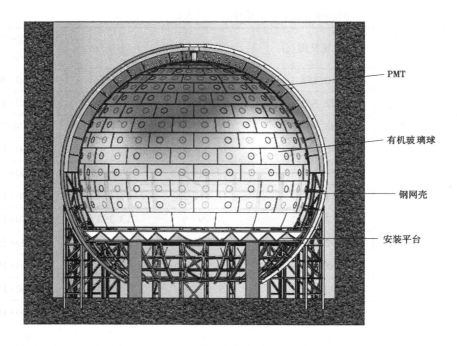

图 8-5　PMT 安装过程示意

## 8.1.2　研究的主要内容

中心探测器有机玻璃球现场制作期间要求地下实验厅水池内环境温度在 $(21\pm1)$ ℃范围内。研究的主要工作包括:

(1)根据工程实际情况,确定有机玻璃拼接过程环境控制通风方案;

(2)研究不同送风参数和排风方式对实验厅环境温度场影响,得到变化规律为后续工作做准备;

(3)针对每层有机玻璃拼接过程,初步确定送风参数模拟其温度场,不断调整送风参数以达到环境温度控制要求,最终确定气流组织方案。

## 8.1.3　依据规范

(1)《民用建筑供暖通风与空气调节设计规范》(GB 50736—2012);

(2)《实用供热空调设计手册》(第 2 版);

(3)《通风与空调工程施工质量验收规范》(GB 50243—2016);

(4)《洁净厂房设计规范》(GB 50073—2013)。

# 8.2　拼接环境控制通风方案

根据工程实际情况,确定有机玻璃拼接过程环境控制通风方案如下:在实验厅水池顶部设置风口,作为基本送风,保证实验厅水池内控温要求;内外加热带均设置局部送排风系统,快速排出热空气;外侧加热带使用柔性纤维风管下送风,随加热带位置变化而移动;内侧加热带使用铁皮风管贴壁侧送风。图 8-6 所示为有机玻璃拼接过程环境控制通风方案示意(以赤道层为例)。

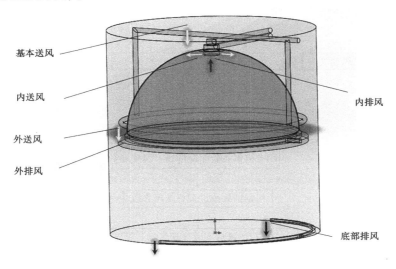

基本送风

内送风

外送风

外排风

内排风

底部排风

图 8-6　有机玻璃拼接过程环境控制通风方案示意

# 8.3　CFD 模拟

## 8.3.1　CFD 模拟技术路线

CFD 模拟技术路线如图 8-7 所示。首先研究送风速度、送风高度、送风量、有无排风对实验厅水池内温度场的影响效果,得到变化规律。在进行第 n 层有机玻璃拼接环境控制通风方案设计时,初步确定送风参数,运用 CFD 技术模拟实验厅水池内速度场和温度场;根据模拟结果改进调整送风参数,运用 CFD 技术模拟实验厅水池内速度场和温度场,直到满足实验厅水池内环境温度控制要求;最终确定该层气流组织方案。

## 8.3.2　CFD 模拟计算工况设置

CFD 模拟计算工况见表 8-2。

## 8.3.3　网格独立性检验

网格疏密性对 CFD 数值计算结果影响很大。在开始进行 fluent 模拟时,先选择较粗略的网格,进而采用较细致的网格,检查计算结果是否随网格密度的变化而变化。如果加密到一定程度后计算结果基本不变化,可以认为计算结果可信。选择实验厅排风口附近点作为控制点,监测其温度随网格数量的变化,确定网格数量为 500 万 ~ 600 万。网格独立性检验如图 8-8 所示。

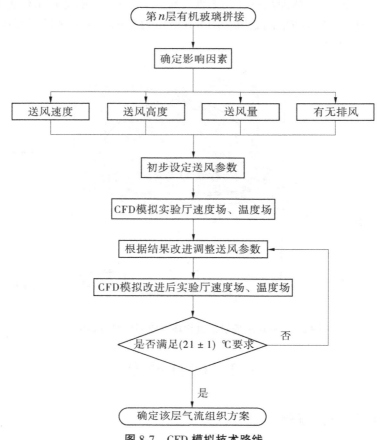

图 8-7　CFD 模拟技术路线

表 8-2　CFD 模拟计算工况

| 研究内容 | CFD 模拟内容 | 工况设置 |
|---|---|---|
| 外加热带环境控制通风方案 CFD 模拟 | | |
| 环形柔性风管出风均匀性 | 单侧进风、双侧进风 | Case 1、Case 2 |
| 送风速度对加热带降温效果的影响 | 送风速度 1~8 m/s | Case 3~Case 10 |
| 送风高度对加热带降温效果的影响 | 送风高度 0.1~2 m | Case 11~Case 19 |
| 排风方式<br>对实验厅水池环境温度的影响 | 外加热带定点局部排风、<br>水池底部局部排风 | Case 20~Case 21 |
| 内加热带环境控制通风方案 CFD 模拟 | | |
| 侧送高度对实验厅水池环境温度的影响 | 侧送高度 0 m、1 m、2 m、加热带处 | Case 22~Case 25 |
| 排风方式对实验厅环境温度的影响 | 内加热带定点局部排风、<br>水池底部局部排风 | Case 26~Case 27 |
| 典型层环境控制通风方案 CFD 模拟(内外加热带整体) | | |
| | ±10、±7、±4、±2、0 | Case 28~Case 36 |

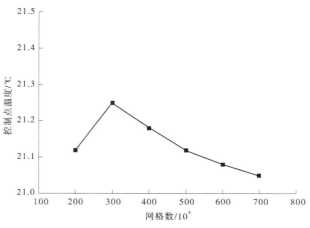

图 8-8　网格独立性检验

## 8.3.4　外加热带环境控制通风方案 CFD 模拟优化

### 8.3.4.1　环形柔性风管出风均匀性

柔性风管是一种由特殊纤维织成的柔性空气分布系统(Air Dispersion),即索斯系统,是替代传统送风管、风阀、散流器、绝热材料等的一种送风末端系统。主要靠纤维渗透和喷孔射流的独特出风模式实现均匀线式送风。由于在制作上它外观如一条大的布袋(socks),又称布风管、布袋风管、布质风管、纤维布风管等。索斯系统不仅是风管,作为一种送风装置,索斯系统的设计直接影响整个空间的送风、制冷、制热效果。索斯系统应用广泛灵活,适用于多种空间,例如商业场所、体育场馆、电子、食品工厂生产场所、超市等营业场所。索斯系统可以直接连接风机设备出口,也可以连接铁皮风管、复合风管,同时索斯系统是 100% 定做的,可以根据送风场所现场实际情况进行送风系统布置,其优点如下:

(1)面式出风,风量大,无吹风感。索斯系统采用整个管道壁纤维渗透空气及微孔射流的独特面式出风模式,出风面积大,风量大,风速低,无吹风感,舒适度极佳。

(2)整体送风均匀分布。索斯系统通过整个管壁的纤维缝隙或均匀分布的经过设计的多排小孔出风,空气分布每点均匀一致,实现真正理想的整体均匀送风。

(3)防凝露。索斯系统通过整体管道壁纤维渗透冷气,在管壁外形成冷气层,使管壁内外几乎无温差,彻底解决凝露问题,不需要管道保温。

(4)易清洁维护,健康环保。由于索斯系统方便拆装,可以方便进行管道擦拭、清洗。

(5)重量轻,屋顶负重可忽略不计。索斯系统由特殊纤维织成,重量极轻,约为传统金属风系统的 1/40,特别适合用于屋顶无承重能力的场所。

(6)系统运行宁静,改善环境品质(索斯系统材质柔软,运行时风速低,不会产生和传递共振)。

(7)安装简单,缩短工程周期。索斯系统采用专用配套的钢绳或铝轨悬吊装置系统,简单快捷,安装时间往往是传统系统的 1/10 以下,极大地缩短了工程周期。

(8)安装灵活,可重复使用。系统整体采用柔软材质制作,安装时无须配平校准。使用时,不会像金属管道系统一样容易被刮坏、出现凹痕、产生漏气等现象,且系统悬挂装置移动灵活,易安装,可重复使用,适用于每层有机玻璃拼接通风系统不一致的情况。

(9)系统成本全面节省,性价比高。索斯系统设计方案比传统送风系统简单,且替代传统送风管道、风阀、散流器、风口等各种部件、配件以及绝热材料等单一产品,重量极轻,运输安装简便,全面节省系统总造价。柔性风管如图 8-9 所示。环形柔性风管在单侧进风和双侧进风时,环形出风的均匀性是不同的,为实现送风的均匀性以保证环境温度,环形风管的进风形式是重要的(见图 8-10)。

图 8-9　柔性风管举例

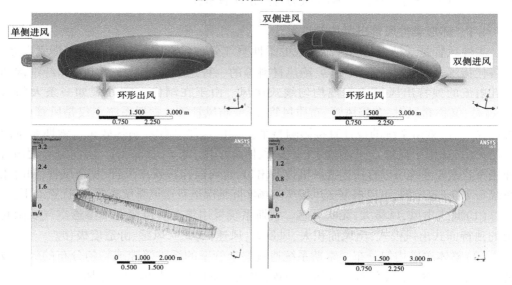

图 8-10　单侧、双侧进风时环形柔性风管出风流场

可以看出,采用单侧进风时,环形出风均匀性较差,进风口对侧出风速度为 1.6 m/s,进风口附近出风速度为 0.4 m/s;采用双侧进风时,环形出风均匀性较好,可以满足工程实际要求,外加热带局部送风环形柔性风管系统建议采用双侧进风。

### 8.3.4.2　送风速度对加热带降温效果的影响

送风速度是指单位面积送风量,对射流长度、对流换热系数等有重要影响。维持送风量一定,通过改变条缝宽度来改变送风速度为 1 m/s、2 m/s、3 m/s、4 m/s、5 m/s、6 m/s、7 m/s、8 m/s。

图 8-11 为送风速度改变时加热带温度分布图,图 8-12 为加热带最高温度和平均温度随送风速度变化曲线。可以看出,加热带热流密度为 4 200 kW/m² 时表面温度较高,可达

数百摄氏度。在送风量一定的情况下,改变送风速度可以显著改变加热带为高热流表面温度大小。随着送风速度的逐渐升高,高热流表面最高温度和平均温度均逐渐降低。这是因为热空气在受迫对流情况下,送风速度增大,湍流强度增加,空气掺混剧烈,表面对流换热系数增大,对流传热强度大,提高了表面散热量,表面温度降低。且当送风速度增加时,冷空气可以有效阻碍热空气的扩散,抑制热空气流的上升,从而控制环境温度分布。在一定范围内,送风速度越大,加热带降温效果越好。可以根据实际工艺要求调节送风速度,实现给定加热带温度。

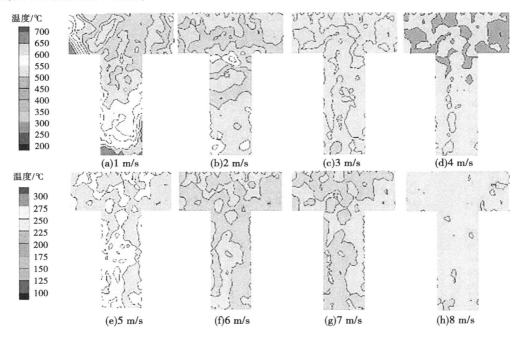

图 8-11　送风速度改变时加热带温度分布

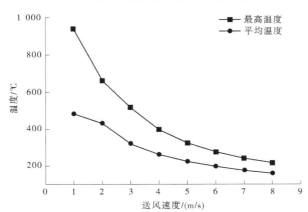

图 8-12　加热带最高温度和平均温度随送风速度变化曲线

### 8.3.4.3　送风高度对加热带降温效果的影响

送风高度是指送风口与高热流表面的垂直距离。改变送风高度为 0.1 m、0.2 m、0.3

m、0.4 m、0.5 m、0.8 m、1.0 m、1.5 m。

图 8-13 为送风高度改变时加热带温度分布,图 8-14 为加热带最高温度和平均温度随送风高度变化曲线。可以看出,在送风量一定的情况下,改变送风高度可以在一定程度上改变加热带——高热流表面温度大小。当送风高度由 0.1 m 增加到 1.0 m 时,高热流表面温度最高温度和平均温度升高幅度较小,随着送风高度的逐渐增大,高热流表面温度最高温度和平均温度均逐渐升高。这是因为送风高度升高,送风可及性降低,冷空气不能及时到达热源处,而与周围热空气不断发生质量、动量交换,速度沿程不断衰减,温差不断降低,降低了散热量,表面温度升高。在一定范围内,送风高度越小,加热带降温效果越好。可以根据实际工艺要求调节送风高度,实现给定加热带温度。

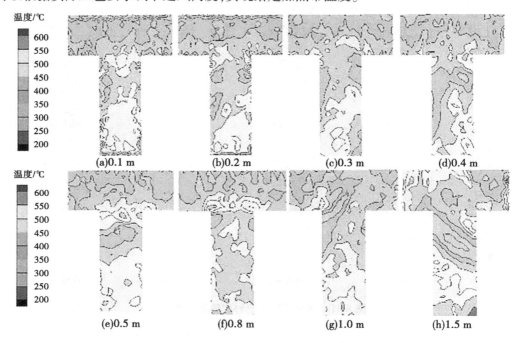

图 8-13　送风高度改变时加热带温度分布

#### 8.3.4.4　排风方式对实验厅水池环境温度的影响

排风对排除实验厅内热空气有重要影响,研究外加热带定点排风和水池底部排风两种排风方式对环境温度场的影响(以第 7 层为例)。

图 8-15 为外加热带定点排风和水池底部排风实验厅温度场分布,图 8-16 为外加热带定点排风和水池底部排风实验厅大于 22 ℃区域(深色)。可以看出,外加热带定点排风时,加热带最高温度为 674.7 ℃,实验厅大于 22 ℃区域(深色)主要在加热带附近;仅水池底部排风时,加热带最高温度为 1 092.1 ℃,实验厅大部分区域大于 22 ℃,无法控制热气流蔓延和上浮。实际工程中建议采用外加热带定点排风,同时水池底部设置排风口排除多余热空气,维持实验厅空气质量平衡。

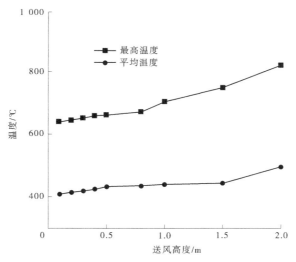

图 8-14　加热带最高温度和平均温度随送风高度的变化曲线

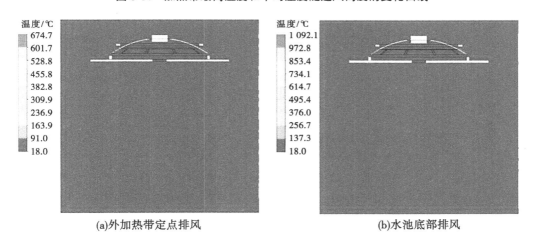

(a)外加热带定点排风　　　　　　　　　　　(b)水池底部排风

图 8-15　外加热带定点排风和水池底部排风实验厅温度场分布

## 8.3.5　内加热带环境控制通风方案 CFD 模拟优化

### 8.3.5.1　侧送高度对实验厅水池环境温度的影响

内侧加热带使用铁皮风管贴壁侧送风,侧送高度对有机玻璃球体内侧受限空间温度场至关重要,研究贴壁侧送、侧送高度降低 1 m、侧送高度降低 2 m、侧送高度降低至加热带时温度场分布(以第-2、4 层为例)。

图 8-17～图 8-20 分别为贴壁侧送、侧送高度降低 1 m、侧送高度降低 2 m、侧送高度降低至加热带时温度场分布图和大于 22 ℃区域。可以看出,贴壁侧送时,冷空气沿有机玻璃球体内壁下行,冷却内加热带后通过排风口排出。当内加热带侧送高度降低时,热气流将沿有机玻璃球体内壁上浮至已完成区域。当侧送高度降低至加热带时,冷空气动量迅速衰减,无法有效冷却内加热带,有机玻璃球体内部将充满热空气,无法满足环境温度控

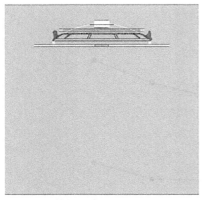 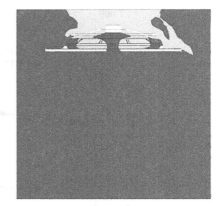

(a)外加热带定点排风　　　　　　　　　　(b)水池底部排风

图 8-16　外加热带定点排风和水池底部排风实验厅大于 22 ℃区域

制要求。实际工程中建议内加热带采用贴壁侧送的方式。

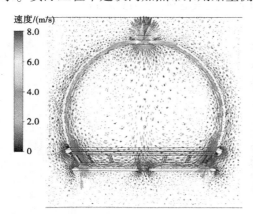 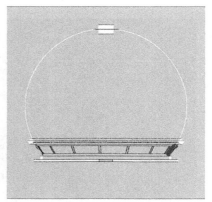

图 8-17　贴壁侧送实验厅流场和大于 22 ℃区域

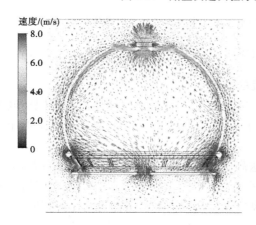 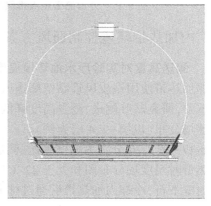

图 8-18　侧送高度降低 1 m 实验厅流场和大于 22 ℃区域

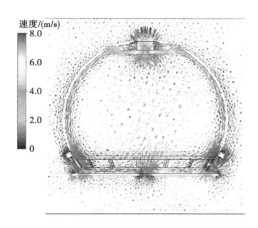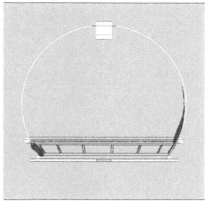

图 8-19 侧送高度降低 2 m 实验厅流场和大于 22 ℃区域

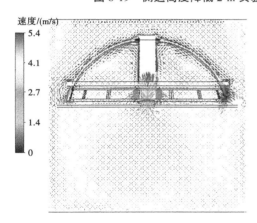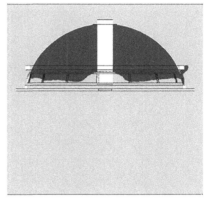

图 8-20 侧送高度降低至加热带实验厅流场和大于 22 ℃区域

#### 8.3.5.2 排风方式对实验厅环境温度的影响

排风对排除实验厅内热空气有重要影响,研究内加热带定点排风和水池底部排风两种排风方式对环境温度场的影响(以第 4 层为例)。

图 8-21 为内加热带定点排风和水池底部排风实验厅温度场分布,图 8-22 为内加热带定点排风和水池底部排风实验厅大于 22 ℃区域(深色)。可以看出,内加热带定点排风时,加热带最高温度为 747.8 ℃,实验厅大于 22 ℃区域(深色)主要在加热带附近;仅水池底部排风时,加热带最高温度为 908.2 ℃,有机玻璃球体内部大部分区域大于 22 ℃,无法控制热气流蔓延和上浮。实际工程中建议采用内加热带定点排风,同时水池底部设置排风口排除多余热空气,维持实验厅空气质量平衡。

### 8.3.6 典型层环境控制通风方案 CFD 模拟(内外加热带整体)

在完成内外加热带环境控制通风方案送排风参数优化后,对典型层进行多次 CFD 模拟,最终结果如图 8-23 所示。

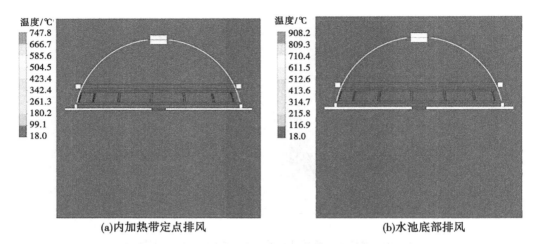

(a)内加热带定点排风　　　　　　　　　　(b)水池底部排风

图 8-21　内加热带定点排风和水池底部排风实验厅温度场分布

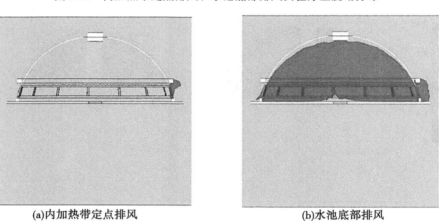

(a)内加热带定点排风　　　　　　　　　　(b)水池底部排风

图 8-22　内加热带定点排风和水池底部排风实验厅大于 22 ℃区域(深色)

(a)第10层　　　　　　(b)第4层　　　　　　(c)第0层

图 8-23　模型示意图举例

### 8.3.6.1　第 10 层

第 10 层有机玻璃拼接过程实验厅温度场、流场分布,大于 22 ℃区域分布图见图 8-24~图 8-26。

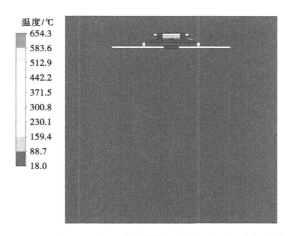

图 8-24　第 10 层有机玻璃拼接过程实验厅温度场分布

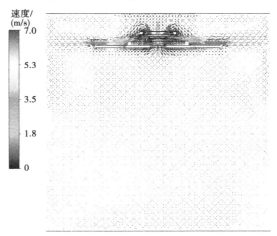

图 8-25　第 10 层有机玻璃拼接过程实验厅流场分布

图 8-26　第 10 层有机玻璃拼接过程实验厅大于 22 ℃区域

### 8.3.6.2 第7层

第7层有机玻璃拼接过程实验厅温度场、流场分布,大于22℃区域见图8-27~图8-29。

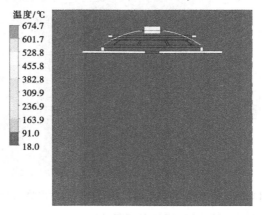

图 8-27 第7层有机玻璃拼接过程实验厅温度场分布

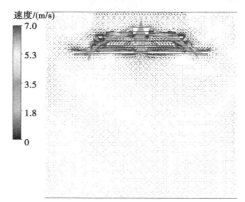

图 8-28 第7层有机玻璃拼接过程实验厅流场分布

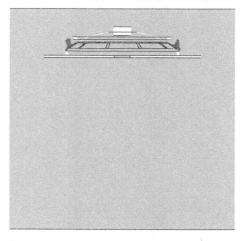

图 8-29 第7层有机玻璃拼接过程实验厅大于22℃区域(深色)

### 8.3.6.3　第 4 层

第 4 层有机玻璃拼接过程实验厅温度场、流场、大于 22 ℃区域见图 8-30~图 8-32。

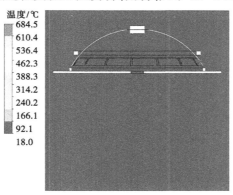

图 8-30　第 4 层有机玻璃拼接过程实验厅温度场分布

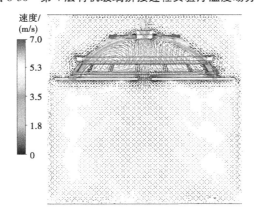

图 8-31　第 4 层有机玻璃拼接过程实验厅流场分布

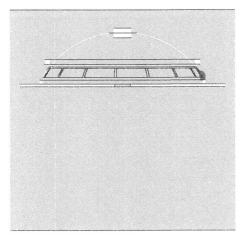

图 8-32　第 4 层有机玻璃拼接过程实验厅大于 22 ℃区域（深色）

#### 8.3.6.4 第2层

第2层有机玻璃拼接过程实验厅温度场、流场、大于22 ℃区域见图8-33~图8-35。

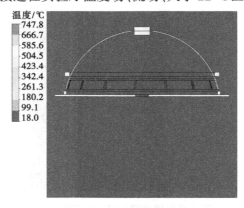

图8-33 第2层有机玻璃拼接过程实验厅温度场分布

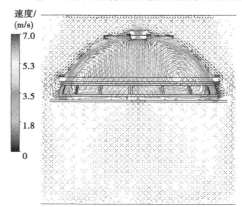

图8-34 第2层有机玻璃拼接过程实验厅流场分布

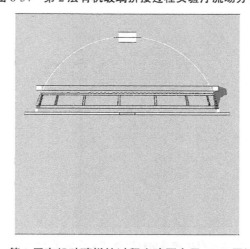

图8-35 第2层有机玻璃拼接过程实验厅大于22 ℃区域(深色)

#### 8.3.6.5　第 0 层

第 0 层有机玻璃拼接过程实验厅温度场、流场、大于 22 ℃区域见图 8-36～图 8-38。

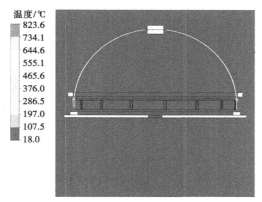

图 8-36　第 0 层有机玻璃拼接过程实验厅温度场分布

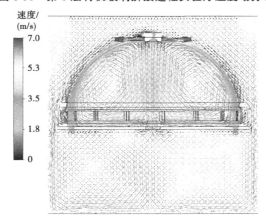

图 8-37　第 0 层有机玻璃拼接过程实验厅流场分布

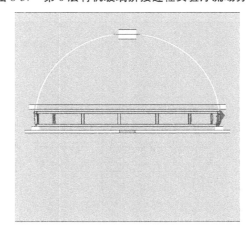

图 8-38　第 0 层有机玻璃拼接过程实验厅大于 22 ℃区域(深色)

### 8.3.6.6　第-2层

第-2层有机玻璃拼接过程实验厅温度场、流场、大于22 ℃区域见图8-39~图8-41。

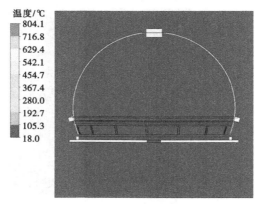

图 8-39　第-2 层有机玻璃拼接过程实验厅温度场分布

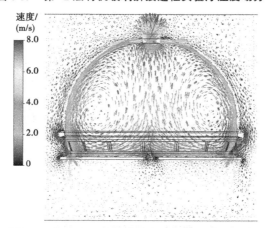

图 8-40　第-2 层有机玻璃拼接过程实验厅流场分布

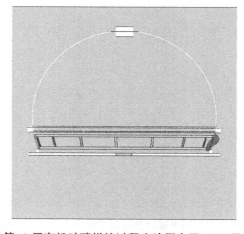

图 8-41　第-2 层有机玻璃拼接过程实验厅大于 22 ℃区域(深色)

### 8.3.6.7　第-4 层

第-4 层有机玻璃拼接过程实验厅温度场、流场、大于 22 ℃区域见图 8-42~图 8-44。

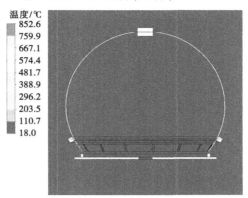

图 8-42　第-4 层有机玻璃拼接过程实验厅温度场分布

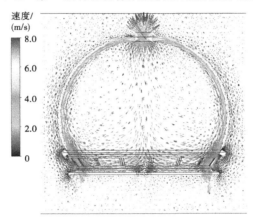

图 8-43　第-4 层有机玻璃拼接过程实验厅流场分布

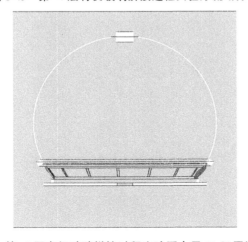

图 8-44　第-4 层有机玻璃拼接过程实验厅大于 22 ℃区域(深色)

### 8.3.6.8    第-7 层

第-7 层有机玻璃拼接过程实验厅温度场、流场、大于 22 ℃区域见图 8-45～图 8-47。

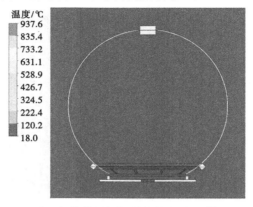

图 8-45    第-7 层有机玻璃拼接过程实验厅温度场分布

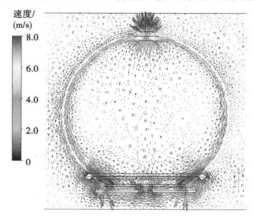

图 8-46    第-7 层有机玻璃拼接过程实验厅流场分布

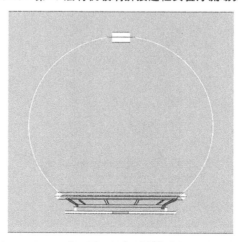

图 8-47    第-7 层有机玻璃拼接过程实验厅大于 22 ℃区域(深色)

### 8.3.6.9 第−10 层

第−10 层有机玻璃拼接过程实验厅温度场、流场、大于 22 ℃区域见图 8-48～图 8-50。

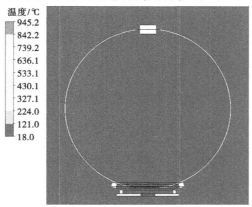

图 8-48 第−10 层有机玻璃拼接过程实验厅温度场分布

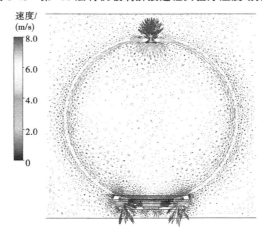

图 8-49 第−10 层有机玻璃拼接过程实验厅流场分布

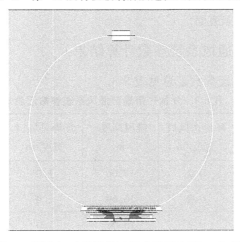

图 8-50 第−10 层有机玻璃拼接过程实验厅大于 22 ℃区域(深层)

# 8.4　有机玻璃球拼接过程环境控制通风系统参数

上述环境控制通风方案 CFD 模拟采用的具体送排风参数如下。

## 8.4.1　基本通风系统参数计算结果

基本通风系统功能为保证有机玻璃球已完成区域控温要求。关于基本通风系统参数计算结果的几点说明：

（1）送风温度为 20 ℃。

（2）送风口位于圆柱形实验厅顶部，排风口位于实验厅底部，布置图见图 8-51，具体参数可根据实际情况调整。

送风口尺寸 2 m×2 m，间距 1 m，对称布置，共145个　　　　排风口尺寸 2 m×2 m，对称布置，共4个

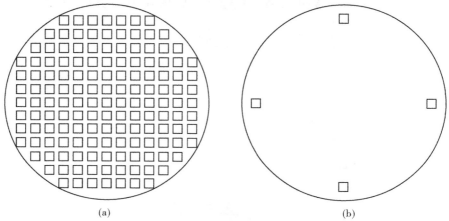

　　　　　　（a）　　　　　　　　　　　　　　　　　（b）

**图 8-51　基本通风系统送、排风口布置**

（3）送风速度建议 0.2 m/s 左右，送风量建议 20 000 m³/h，可根据实际情况调整。

（4）送风角度垂直于赤道面。

## 8.4.2　外加热带局部通风系统参数计算结果

外加热带局部通风系统参数汇总见表 8-3。

**表 8-3　外加热带局部通风系统参数汇总**

| 层数 | 送风高度/ m | 环形送风口宽度/m | 排风高度/ m | 环形排风口宽度/m | 送、排风量/（m³/h） | 送风速度/（m/s） |
|---|---|---|---|---|---|---|
| 11 | 18.30 | 0.2 | 17.06 | 1.0 | 13 379 | 2.0 |
| 10 | 18.06 | 0.2 | 16.69 | 1.0 | 22 936 | 2.0 |
| 9 | 17.69 | 0.2 | 16.08 | 1.0 | 36 315 | 2.0 |

续表 8-3

| 层数 | 送风高度/m | 环形送风口宽度/m | 排风高度/m | 环形排风口宽度/m | 送、排风量/(m³/h) | 送风速度/(m/s) |
|---|---|---|---|---|---|---|
| 8 | 17.08 | 0.2 | 15.09 | 1.0 | 49 694 | 2.0 |
| 7 | 16.09 | 0.2 | 13.83 | 1.0 | 57 339 | 2.0 |
| 6 | 14.83 | 0.2 | 12.23 | 1.0 | 74 541 | 2.0 |
| 5 | 13.23 | 0.2 | 10.39 | 1.0 | 82 187 | 2.0 |
| 4 | 11.39 | 0.2 | 8.22 | 1.0 | 89 832 | 2.0 |
| 3 | 9.22 | 0.2 | 5.86 | 1.0 | 93 654 | 2.0 |
| 2 | 6.86 | 0.2 | 3.37 | 1.0 | 97 477 | 2.0 |
| 1 | 4.37 | 0.2 | 0.80 | 1.0 | 101 300 | 2.0 |
| 0 | 1.80 | 0.2 | −1.80 | 1.0 | 101 300 | 2.0 |
| −1 | −0.80 | 0.2 | −4.37 | 1.0 | 101 300 | 2.0 |
| −2 | −3.37 | 0.2 | −6.86 | 1.0 | 97 477 | 2.0 |
| −3 | −5.86 | 0.2 | −9.22 | 1.0 | 93 654 | 2.0 |
| −4 | −8.22 | 0.2 | −11.39 | 1.0 | 89 832 | 2.0 |
| −5 | −10.39 | 0.2 | −13.23 | 1.0 | 82 187 | 2.0 |
| −6 | −12.23 | 0.2 | −14.83 | 1.0 | 74 541 | 2.0 |
| −7 | −13.83 | 0.2 | −16.09 | 1.0 | 57 339 | 2.0 |
| −8 | −15.09 | 0.2 | −17.08 | 1.0 | 49 694 | 2.0 |
| −9 | −16.08 | 0.2 | −17.69 | 1.0 | 36 315 | 2.0 |
| −10 | −16.69 | 0.2 | −18.06 | 1.0 | 22 936 | 2.0 |
| −11 | −17.06 | 0.2 | −18.12 | 1.0 | 13 379 | 2.0 |

关于外加热带局部通风系统参数计算结果的几点说明：

（1）送风温度为 18 ℃。

（2）送风高度距离横加热带为 0.5 m。

（3）送风速度尽量维持 2 m/s 左右。

（4）第 11~0 层：送风角度垂直于赤道面；第−1~−11 层：送风角度逐层变化，与相应层横加热带切线方向大致平行即可。

（5）采取负压排风定点抽出有机玻璃球外侧热气。

### 8.4.3　内加热带通风系统参数计算结果

内加热带通风系统参数汇总见表 8-4。

表 8-4　内加热带通风系统参数汇总

| 层数 | 送风位置 | 侧送风口宽度/m | 排风位置 | 送、排风量/（m³/h） | 送风速度/（m/s） |
|---|---|---|---|---|---|
| 11 | 有机玻璃球上方开口处 | 0.2 | 侧送风口底部 | 13 379 | 1.8 |
| 10 | 有机玻璃球上方开口处 | 0.3 | 侧送风口底部 | 22 936 | 2.0 |
| 9 | 有机玻璃球上方开口处 | 0.5 | 侧送风口底部 | 36 315 | 2.0 |
| 8 | 有机玻璃球上方开口处 | 0.7 | 侧送风口底部 | 49 694 | 2.0 |
| 7 | 有机玻璃球上方开口处 | 0.7 | 侧送风口底部 | 57 339 | 2.1 |
| 6 | 有机玻璃球上方开口处 | 0.9 | 侧送风口底部 | 73 504 | 7.0 |
| 5 | 有机玻璃球上方开口处 | 1.0 | 侧送风口底部 | 98 006 | 3.0 |
| 4 | 有机玻璃球上方开口处 | 1.0 | 侧送风口底部 | 98 006 | 3.0 |
| 3 | 有机玻璃球上方开口处 | 1.0 | 侧送风口底部 | 130 674 | 4.0 |
| 2 | 有机玻璃球上方开口处 | 1.0 | 侧送风口底部 | 130 674 | 4.0 |
| 1 | 有机玻璃球上方开口处 | 1.0 | 侧送风口底部 | 163 343 | 5.0 |
| 0 | 有机玻璃球上方开口处 | 1.0 | 侧送风口底部 | 163 343 | 5.0 |
| −1 | 有机玻璃球上方开口处 | 1.0 | 侧送风口底部 | 196 011 | 6.0 |
| −2 | 有机玻璃球上方开口处 | 1.0 | 侧送风口底部 | 196 011 | 6.0 |
| −3 | 有机玻璃球上方开口处 | 1.0 | 侧送风口底部 | 196 011 | 6.0 |
| −4 | 有机玻璃球上方开口处 | 1.0 | 侧送风口底部 | 196 011 | 6.0 |
| −5 | 有机玻璃球上方开口处 | 1.0 | 侧送风口底部 | 196 011 | 6.0 |
| −6 | 有机玻璃球上方开口处 | 1.0 | 侧送风口底部 | 196 011 | 6.0 |
| −7 | 有机玻璃球上方开口处 | 1.0 | 侧送风口底部 | 196 011 | 6.0 |
| −8 | 有机玻璃球上方开口处 | 1.0 | 侧送风口底部 | 228 680 | 7.0 |
| −9 | 有机玻璃球上方开口处 | 1.0 | 侧送风口底部 | 228 680 | 7.0 |
| −10 | 有机玻璃球上方开口处 | 1.0 | 侧送风口底部 | 228 680 | 7.0 |
| −11 | 有机玻璃球上方开口处 | 1.0 | 侧送风口底部 | 228 680 | 7.0 |

关于内加热带通风系统参数计算结果的几点说明：

（1）送风温度为 20 ℃。

（2）保持内加热带贴壁侧送。

（3）由于中心探测器有机玻璃球由上到下逐层安装，每层加热带与送风口距离加大，在满足负荷的需求下，加大送风速度。

（4）采取负压排风定点抽出有机玻璃球内侧热气。

# 8.5　小　结

通过 CFD 模拟技术优化送排风参数进而确定有机玻璃拼接过程环境控制通风系统方案，给出几点关于实际工程的建议。

（1）环型柔性风管送风均匀性较好，最大流量差为 20%；建议采用双侧进风的方式。

（2）在保证送风量一定的条件下，送风速度越大，送风距离越小，对有机玻璃拼接的降温效果越好。

（3）整体送风速度为 0.2 m/s，外加热带送风速度为 2 m/s，内加热带送风速度随层数调整。

（4）整体送风温度为 20 ℃，外加热带送风温度为 18 ℃，内加热带送风温度为 20 ℃。

（5）第 11~0 层，外加热带送风角度垂直于赤道面；第-1～-11 层，外加热带送风角度逐层变化，与相应层横加热带切线方向大致平行即可，内加热带送风角度为贴壁侧送。

（6）排风能够有效地带走有机玻璃拼接产生的热气流。

（7）由于工作平台的相对封闭性，需加大排风措施。内外加热带均设置定点排风系统，同时水池底部设置排风口排除多余热空气，维持实验厅空气质量平衡。

# 第 9 章　光电倍增管测试阶段恒温洁净环境控制

# 9.1　设计原始资料

## 9.1.1　概述

由中心探测器安装工艺可知,有机玻璃球开始从上往下在专用的安装平台上逐层进行拼装,待有机玻璃上半球安装完成、开始下半球安装时,PMT 开始从上往下逐层安装。当有机玻璃球拼装完成后,PMT 也将在一段时间内安装完成。在向实验厅水池注水之前,PMT 将全部开启用于检测是否正常工作,开启后散热量为 260 kW,需要采取一些通风手段将热量排出,维持实验厅水池内环境温度在(21±1) ℃范围内,且通风口位置限于内水池 A 区直径 1~3 m 圆内。

光电倍增管 PMT 在水池中的布局见图 9-1,实验厅分区细节见图 9-2。

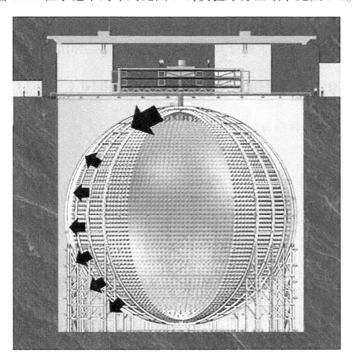

**图 9-1　光电倍增管 PMT 在水池中的布局**

## 9.1.2　研究主要内容

光电倍增管 PMT 测试阶段要求地下实验厅水池内环境温度在(21±1) ℃范围内。研究主要工作包括:

(1)根据实际情况,确定排除光电倍增管测试阶段实验厅内余热所需通风量;

(2)研究不同通风方式对实验厅环境温度场的影响,确定合适的环境控制通风方案。

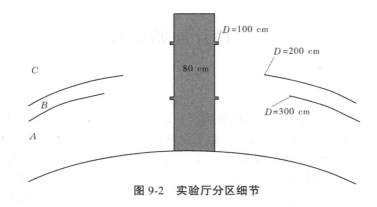

图 9-2　实验厅分区细节

### 9.1.3　依据规范及图集

（1）《民用建筑供暖通风与空气调节设计规范》（GB 50736—2012）；
（2）《实用供热空调设计手册》（第 2 版）；
（3）《通风与空调工程施工质量验收规范》（GB 50243—2016）；

## 9.2　测试阶段环境控制通风量计算

根据热平衡方程计算所需通风量：

$$\dot{M}_s h_s + \dot{Q}_h = \dot{M}_s h_p \tag{9-1}$$

式中：$\dot{M}_s$ 为送风量，kg/s；$\dot{Q}_h$ 为余热，kW；$h_s$ 为送风焓值，kJ/kg，取空气温度为 18 ℃，相对湿度 60% 的焓值，为 37.685 kJ/kg；$h_p$ 为排风焓值，kJ/kg，取空气温度为 21 ℃，相对湿度 60% 的焓值，为 44.826 kJ/kg。

则送风量为

$$\dot{M}_s = \frac{\dot{Q}_h}{h_p - h_s} = \frac{260}{44.826 - 37.685} = 36.41(\text{kg/s}) = 30.34(\text{m}^3/\text{s}) = 109\,224(\text{m}^3/\text{h})$$

取送风宽度 0.5 m，送风面积为

$$S = 2 \times 3.14 \times 1 \times 0.5 = 3.14(\text{m}^2)$$

根据送风量和送风面积，则送风速度为

$$v = \frac{\dot{M}_s}{\rho S} = 9.7(\text{m/s})$$

通过热平衡计算，实验厅排出 260 kW 需要的风量约为 110 000 m³/h，送风速度约为 10 m/s。

## 9.3　测试阶段环境控制通风方案

根据工程实际情况，考虑几种可行的光电倍增管测试阶段环境控制通风方案如下：有机玻璃拼装阶段实验厅水池顶部、底部送排风系统保留,作为基本送风,保证实验厅水池内控温要求。由于光电倍增管(B 区)的遮挡,A 区设计 3 种可行的通风方式,分别是上进下出(A 区上部设置送风口,下部设置排风口)、下进上出(A 区下部设置送风口,上部设置排风口)、上下进(A 区上、下部均设置送风口,排风通过实验厅水池底部排风口排出)。图 9-3 所示为光电倍增管测试阶段环境控制通风方案示意图,箭头方向表示流场走向,深色箭头表示冷风,浅色箭头表示热风。由于实验厅水池是轴对称的,示意图仅展示右侧实验厅水池内情况。

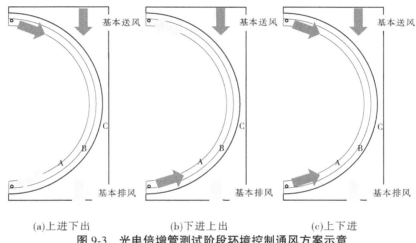

(a)上进下出　　　　　　(b)下进上出　　　　　　(c)上下进

**图 9-3　光电倍增管测试阶段环境控制通风方案示意**

# 9.4　CFD 模拟

## 9.4.1　CFD 模拟计算工况设置

CFD 模拟计算工况见表 9-1。

**表 9-1　CFD 模拟计算工况**

| 工况设置 | CFD 模拟内容 |
|---|---|
| case 1 | A 区上进下出 |
| case 2 | A 区下进上出 |
| case 3 | A 区上下进 |

## 9.4.2　三种通风方式 CFD 模拟结果

通过 CFD 模拟技术模拟三种通风方式下实验厅有机玻璃球外侧温度场、流场,见

图 9-4~图 9-6。由图 9-4~图 9-6 可知,三种通风方式均能满足温度要求(21±1)℃。实验厅最高温度分别是:上进下出 33.7 ℃、下进上出 39.3 ℃、上下进 25.2 ℃,上进下出和上下进较优。从流场角度,上进下出与实验厅整体流向相同;下进上出与实验厅整体流向相反;上下进的空气需要通过光电倍增管(B 区)到达 C 区,需要较大动力。

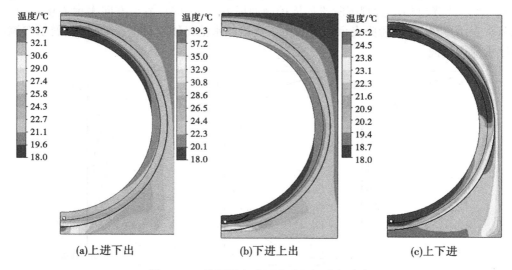

(a)上进下出　　　　　(b)下进上出　　　　　(c)上下进

图 9-4　三种通风方式下实验厅温度场分布

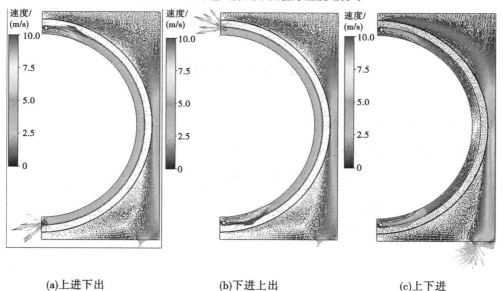

(a)上进下出　　　　　(b)下进上出　　　　　(c)上下进

图 9-5　三种通风方式下实验厅流场分布

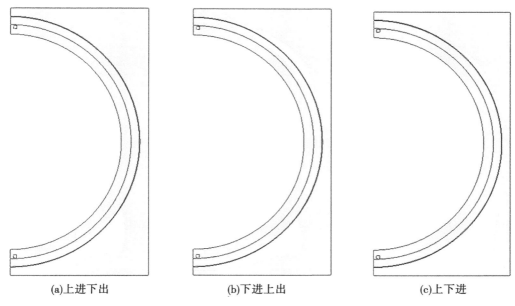

(a)上进下出　　　　　　　　(b)下进上出　　　　　　　　(c)上下进

图9-6　三种通风方式下实验厅(21±1)℃区域(深色)

## 9.5　小　结

　　光电倍增管测试阶段需要通风量约为 110 000 m³/h,环境控制通风方式建议采用上进下出或上下进方式。

# 第 10 章　深埋地下超大空间恒温洁净环境设计

# 10.1　设计依据

(1)《江门中微子实验站配套基建工程初步设计报告》及专家审查意见;

(2)《工业建筑供暖通风与空气调节设计规范》(GB 50019—2015);

(3)《民用建筑供暖通风与空气调节设计规范》(GB 50736—2012);

(4)《水力发电厂供暖通风与空气调节设计规范》(NB/T 35040—2014);

(5)《建筑设计防火规范》(GB 50016—2014)(2018 年版);

(6)《建筑防烟排烟系统技术标准》(GB 51251—2017);

(7)《水电工程设计防火规范》(GB 50872—2014);

(8)《建筑机电工程抗震设计规范》(GB 50981—2014);

(9)《地下建筑氡及其子体控制标准》(GBZ 116—2002);

(10)《公共建筑节能设计标准》(GB 50189—2015);

(11)《洁净厂房设计规范》(GB 50073—2013);

(12)《通风与空调工程施工质量验收规范》(GB 50243—2016);

(13)《暖通空调制图标准》(GB/T 50114—2010);

(14)《建筑节能工程施工质量验收规范》(GB 50411—2014);

(15)《通风与空调工程施工规范》(GB 50738—2011);

(16)《变风量空调系统工程技术规程》(JGJ 343—2014)。

# 10.2　设计标准

## 10.2.1　室外空气计算参数

大气压力:1 016.6 hPa(冬季),1 002.2 hPa(夏季)

夏季空调室外计算干球温度:　　　　33.3 ℃

夏季空调室外计算湿球温度:　　　　27.7 ℃

夏季通风室外计算温度:　　　　　　30.85 ℃

夏季通风室外计算相对湿度:　　　　72.5%

夏季室外风速:　　　　　　　　　　2.3 m/s

冬季通风室外计算温度:　　　　　　14.5 ℃

冬季空气调节室外计算温度:　　　　6.0 ℃

冬季空气调节室外计算相对湿度:　　74.5%

冬季室外风速:　　　　　　　　　　2.75 m/s

## 10.2.2　室内空气设计参数

### 10.2.2.1　确定的原则

地下洞室内空气计算参数的确定是一个设计标准问题,也是一个技术和经济统一的问题。在确定洞室内空气计算参数时,除工艺有特殊要求外,一般应综合考虑以下 3 条原则。

(1)保证地下建筑的工作人员身体健康,并有一定的舒适感,以达到长期在地下建筑进行正常生产的要求,提高劳动生产率。

(2)满足地下建筑的防潮要求,确保产品质量和电气等设备、仪表的正常运行,并延长其使用寿命。

(3)既要考虑地下建筑的特殊性,又要兼顾经济性,从而确定合理的地下洞室内空气计算参数标准。

### 10.2.2.2　中微子实验对环境的要求

(1)深埋实验厅要求中微子探测器安装期以及实验运行期间温度控制在(21±1) ℃、洁净度要求达到 10 万级、相对湿度控制在 70% 以下。新风换气次数按 6 次/d 考虑,同时满足安装期 50 名工作人员的通风要求。

(2)液闪处理间温度控制在 22~24 ℃,相对湿度<70%,洁净度要求达到 10 万级。

(3)实验厅水池内的水 20 d 循环一次,循环水量为 100 m³/h,温度维持在 20 ℃ 左右。

(4)附属洞室环境温度控制在 22~24 ℃,相对湿度<70%,并满足 6 次/d 的换气交换。

# 10.3　热源统计

地下实验厅及附属洞室空调冷负荷主要包括:围护结构传热冷负荷(这与周围岩石温度有关),室外新风冷负荷,设备、照明和人体散热的冷负荷,周围岩石散湿冷负荷等。

业主提供的实验厅及附属洞室热源统计见表 10-1。

表 10-1　业主提供的实验厅及附属洞室热源统计

| 序号 | 发热功率/kW | 位置 | 时段 | 备注 |
|---|---|---|---|---|
| 1 | 270 | 地下液闪间(需要冷水) | 安装、灌水及液闪灌装期,安装及灌水期不是满负荷 | 液闪纯化 |
| 2 | 100 | 地下液闪间(需要空调) | 安装、灌水及液闪灌装期 | 设备产生的热量 |
| 3 | 40 | 地下灌装间(需要空调) | 液闪灌装期及运行期 | 泵组电动机、控制机箱发热 |
| 4 | 300 | 地下水池(需要冷水到水净化间) | 液闪灌装期及运行期 | 电子学间电缆发热,水循环带走热量 |
| 5 | 230 | 水净化室(需要冷水) | 水池灌水期 | 水温从 23 ℃ 降到 21 ℃ |

续表 10-1

| 序号 | 发热功率/kW | 位置 | 时段 | 备注 |
|---|---|---|---|---|
| 6 | 100 | 电子学间(需要空调) | 液闪灌装期及运行期 | 电子学机箱发热、每个电子学间 50 kW |
| 7 | 40 | 安装间(需要空调) | 安装期 | 有机玻璃预拼接退火 |
| 8 | 400 | 地下水池(需要空调) | 安装期 | 有机玻璃预拼接退火 |
| 9 | 600 | 地面纯水间(需要冷水) | 水池灌水期 | 水温从 28 ℃降到 23 ℃ |
| 10 | 1 000 | 地面液闪区(需要冷水) | 调试及液闪灌装期 | 临时冷水系统提供 |

# 10.4　空调冷源及水系统

## 10.4.1　空调冷源

地面斜井入口附近设制冷机房,根据不同时期的冷负荷特点以及后期运行的机组备用、方便调节考虑,制冷机房内布置 3 台水冷变频双螺杆式冷水机组(水池灌水期 2 个月、液闪灌装期 6 个月 3 台运行,安装期、运行期 2 用 1 备),单台制冷量约 800 kW,供回水温度分别为 3.0 ℃、9.6 ℃。另布置 3 台冷水循环泵(水池灌水期 2 个月、液闪灌装期 6 个月 3 台运行,安装期、运行期 2 用 1 备)、3 台冷却水循环泵(水池灌水期 2 个月、液闪灌装期 6 个月 3 台运行,安装期、运行期 2 用 1 备)与冷水机组及附属设备。

## 10.4.2　水系统概述

制冷机房与地下实验厅相对高差约 500 m,相当于约 170 层高的大楼,空调水系统静水压力太大,考虑到系统设备的承压能力,必须对空调水系统进行竖向分区处理。在斜井通道−270 m 高程 2+集水井处设置 1 台高承压水−水换热器(一次侧承压 4.1 MPa),将空调水系统竖向分成上、下两级闭式循环系统。

第一级闭式冷水循环系统通过 2 台半焊接水−水换热器将冷量传递到第二级闭式循环,换热温差设定为 1.5 ℃。两级闭式循环的循环水泵分别设置在地面斜井入口附近的制冷机房、地下−430.50 m 高程空调水泵房内。在第一级闭式循环系统的最高位设置 1 m³ 开式膨胀水箱,用于第一级闭式循环系统的定压和补水;在地下−430.50 m 高程的空调水泵房内设置定压补水罐,用于第二级闭式循环系统的定压和补水。

实验厅温度要求控制在(21±1) ℃,这就要求空调送回风温差介于 6~10 ℃。从节能的角度来讲,空调风系统宜采用小风量、大温差(送回风温差 10 ℃),空调送风温度应该设为 11 ℃,对应的空调冷水供水温度为 1 ℃左右,这是常规冷水机组难以实现的。如果冷水机组出水温度设为 1 ℃,为防止冷水结冰,需采用 10%左右的乙烯乙二醇水溶液作为冷媒。由于乙烯乙二醇水溶液对镀锌材料有腐蚀性,且对整个管路系统设置要求较高,非特殊情况,一般不予考虑。

常规冷水机组的冷水供水、回水温度分别为 7 ℃、12 ℃。冷水机组产生的 7 ℃ 冷水要经过一次热交换才能最终到达地下实验厅的组合式空调机组,中间的热交换造成的温升约为 1.5 ℃,再加上长达 1 500 m 左右的管道沿程冷量损失(温升约为 0.6 ℃),到达实验厅组合式空调机组时,冷水温度将达到 9~10 ℃,难以满足实验厅的环境温度要求。

综上所述,空调风系统只能采用大风量、小温差(送回风温差 6 ℃),送风温度应该设为 15 ℃,对应的空调冷水供水温度为 5 ℃左右。常规冷水机组提供的 7 ℃ 空调冷水将无法满足实验厅空调机组的要求,冷水机组的出水温度只有控制在 3.5 ℃ 以下(板换温升取 1.5 ℃,如果按照 1.0 ℃ 温升考虑的话,换热器价格会大幅度增加),才能满足实验厅空调机组的空调冷水进口温度在 5 ℃左右的要求。经综合分析比较,两级空调冷水闭式循环的温度分别控制在 3.0~9.6 ℃、5.0~10.6 ℃。

在地下-430.50 m 高程的实验厅附近设置空调水泵房,内设置 3 台冷水循环泵(水池灌水期 2 个月、液闪灌装期 6 个月 3 台运行,安装期、运行期 2 用 1 备),1 台分水器与 1 台集水器,用于实验厅及附属洞室组合式空调机组的冷水循环使用。循环水泵将 5 ℃左右的冷水送入实验厅及附属洞室的组合式空调机组。空调水系统按照组合式空调机组的不同位置划分成 3 个支路,每个支路均采用同程式设计,以保证每个空调机组的压力平衡。

空调水系统采用一次泵变流量系统,水泵均采用变频泵,管道采用异程式布置。各供回水环路分别从分、集水器上接出。分、集水器之间设压差旁通装置,空调设备末端设动态冷量调节阀统一控制。

## 10.4.3　水质净化

冷水及冷却水均采用全程式水处理仪(冷却水系统带自动加药装置),具有过滤、缓蚀、除垢、杀菌、灭藻等功能。要求防垢除垢率达到 100%,杀菌率达到 98% 以上,灭藻率达到 97% 以上,除军团菌率、防腐蚀率均达到国家标准。冷水机组冷凝器设置自动在线清洗装置。

## 10.4.4　水系统末端

空气处理机组的回水管上均设置有动态冷量调节阀,调节阀集温控与动态自动平衡于一体。调节阀一方面可现场设定最大流量,并可显示实际流量,便于现场调试;另一方面可根据空调机组出风段设置的温湿度传感器和温控器(或控制系统)的要求,对供水量进行无级调节,以满足室内温湿度的要求。

## 10.4.5　群控系统

空调水系统设置节能群控系统,群控系统集成控制冷水机组、冷水泵、冷却水泵、冷却塔、水处理器及水系统各类电控水阀门。

#### 10.4.5.1　通风和空调控制系统概述

（1）地下实验厅及附属洞室设有通风和空调系统。通风系统包括新风机、排风机、排烟风机、调节阀、防火阀、防火风口、防排烟防火阀、风管等设备。空调系统包含冷水机组、组合式空调机组、新风机组等。通风和空调系统由 1 套计算机监控系统控制（简称通风空调 PLC 控制系统），实现风机的远方控制和空调系统的自动调节。

（2）风机控制箱设在风机附近，实现对风机、电动风阀或空调机组等设备的现场控制。通风 PLC 的现地控制单元设在厂房的风机控制箱附近，通风 PLC 设 1 台上位计算机，布置在地面中控室内，以便远方对地下厂房的通风设备进行控制。

（3）发生火灾时，通风和空调系统设备受火灾报警系统控制，能够切断有关部位的通风空调设备，以防止火势扩大。

#### 10.4.5.2　风机电控箱控制要求

（1）风机应具备电动机的过载、断相、短路、过热等保护功能。

（2）可现地手动控制启、停，亦可远方控制，并能通过独立的无源接点反馈运行、停止、故障和现地等状态信息。

（3）火灾时，通风空调设备受火警系统自动联动停，相应通风空调设备的控制回路能够向火警系统输出独立无源接点作为动作信号，电控箱进线断路器应配有脱扣器，以满足事故时火灾报警系统切断电源的要求。

（4）控制箱上应有手动启停按钮，运行、停止、故障指示灯等设备。

## 10.5　通风空调系统

### 10.5.1　新风系统

实验厅的通风空调系统主要是排除实验设备泄漏和岩体可能释放的有害气体，为实验室人员提供舒适的工作环境，为实验设备提供良好的运行环境。

由于地下岩石经过破碎、开挖以后会有少量氡气渗出，而氡具有放射性，其衰变产生的射线及短寿命衰变产物对人体健康具有极大的危害作用，且对中微子实验造成影响。因此，需要对地下实验厅及附属洞室进行置换通风，所需的新风不能取自地下交通廊道，必须通过风管引自室外地面。

业主要求新风置换通风量不少于 6 个体积/d，实验厅体积约为 62 000 $m^3$/h，新风换气量相当于 15 500 $m^3$/h；液闪处理间体积约为 7 680 $m^3$/h，新风换气量相当于 1 900 $m^3$/h；液闪处理间室内洁净度要求为 10 万级，维持 10 万级洁净室，室内洁净区与室外的压差应大于或等于 10 Pa，折算成房间换气次数约为 0.6 次/h，液闪处理间维持室内正压所需新风量约为 4 600 $m^3$/h，因此液闪处理间新风量要求最小为 6 500 $m^3$/h，实验厅与液闪处理间合计总的新风量为 22 000 $m^3$/h。考虑到送风距离远，约 900 m，沿途不可避免地带来风管漏风的问题，所以送风量应大于 22 000 $m^3$/h，才能保证实验厅的最小新风量。同时考虑其他附属洞室新风换气量的要求，以及竖井内直径 1 000 mm 新风管的尺寸限制，计算新风量按 25 000 $m^3$/h 选取。

　　竖井入口附近设置送风机房,内设 3 台风冷新风空调机组(2 用 1 备),每台空调机风量 13 000 m³/h,制冷量 136 kW;另设 2 台混流式送风机(1 用 1 备)作为新风机使用,风机的送风量为 26 528 m³/h,全压为 573 Pa,将经过降温、除湿后的室外新风通过竖井内直径 1 000 mm 的不锈钢保温送风管送入地下。

　　在竖井底部与竖井平段连接处设置送风接力风机房,内设 2 台混流式送风机(1 用 1 备)作为新风接力风机使用,接力风机的送风量为 26 528 m³/h,全压为 573 Pa。在竖井平段内设置保温送风管,断面尺寸为 1 000 mm×800 mm。室外新风通过送风管最终送往地下实验厅及附属洞室的各处组合式空调机组。

## 10.5.2　实验厅及附属洞室空调风系统

　　在实验厅纵向两端墙与交通排水廊道连接处各设置 1 个空调机房,分别为 1#、2#空调机房,每个空调机房内各设置 2 台组合式空调机组,用于实验厅及液闪灌装间的通风与空气调节。其中,1#空调机房内的 2 台组合式空调机组风量均为 25 900 m³/h,冷量 165 kW,机外余压 300 Pa;2#空调机房内的 2 台组合式空调机组风量均为 33 200 m³/h,冷量 185 kW,机外余压 300 Pa。

　　在实验厅纵向两侧端墙上,分别布置 2 条空调送风管,每台组合式空调机组对应 1 条空调送风管,在风管侧面开设球形喷口向实验厅中央区域送风,在球形可调风口后部与风管连接处,装设亚高效过滤器。实验厅拱顶高 27 m,空调送风管底标高距实验厅地面 7 m,实验厅相当于分层空调,实验厅下部空调区域通风循环量相当于约 6 次/h。

　　实验厅的设计新风量为 18 000 m³/h,设计排风量设为 15 000 m³/h,使实验厅处于微正压状态,防止室外隧道灰尘进入。实验厅采用了“中间喷口侧送风、上下湿氡分除排风”的气流组织形式,排风分为上、下两部分同时排风,上部通过 2#施工支洞排出 4 000 m³/h,主要排除实验厅拱顶及侧墙渗出的湿气,下部通过液闪灌装间排出约 1 000 m³/h、每个电子学间排出约 3 000 m³/h、每个空调机房排出约 2 000 m³/h,主要排除实验厅内岩石产生的氡气。

　　实验厅下部的排风作为液闪灌装间、2 个电子学间、2 个空调机房的进风使用。分别在上述房间靠近实验厅侧墙下部安装防火风口,另一侧墙上装设超低噪声轴流风机,用于上述房间的通风换气。

　　上述房间的排风直接排到交通排水廊道内,用于降低交通排水廊道的温度,后通过竖井底部的隧道接力排风机排到竖井内,最终由竖井入口处排风机房内的隧道排风机排到室外。隧道排风机为可逆风机,排风量为 26 528 m³/h,全压为 573 Pa。

　　每个电子学间在实验期间,约有 70 kW 的发热量。在每个电子学间的空调机房分别装设 2 台空调机组,每台空调机风量 20 000 m³/h,制冷量 62 kW,通过侧墙上布置的两条空调送风管向电子学间输送空调冷风,排风直接排到交通排水廊道内的排风总管。

　　液闪存储与处理间要求温度控制在 22~24 ℃,湿度控制在 70%以下,洁净度达到 10 万级,并满足 6 次/d 的新风换气交换。在液闪处理间门口设置 2 台组合式空调机组,每台空调机风量 33 300 m³/h,制冷量 162 kW,机外余压 300 Pa,通过侧墙上布置的两条空调送风管向液闪存储与处理间输送空调冷风,用于液闪存储与处理间的空气调节。空调机组入口端安装初效过滤器,出口端装设中效过滤器,在空调风管送风口处装设亚高效过滤器,以满足送风清洁标准达到 10 万级的要求。液闪存储与处理间的新风量设为 6 500 m³/h,排风量设为 2 000 m³/h,使液闪处理间与外部交通排水廊道保持约 10 Pa 的正压值,防止隧道灰尘进入;适当增大送风口尺寸,以降低送风口风速,减少噪声污染。

安装间要求温度控制在 22~24 ℃,湿度控制在 70% 以下,并满足 6 次/d 的新风换气。在安装间门口设置 1 台组合式空调机组,制冷量为 120 kW,循环风量为 29 000 m³/h,机外余压为 250 Pa,在洞室侧墙上均布置 1 条空调送风管,用于洞室的空气调节,回风口设在空调机组附近。设计新风量为 2 000 m³/h,设计排风量为 1 000 m³/h,使洞室处于微正压,防止隧道灰尘进入。排风直接排到交通排水廊道内,用于降低交通排水廊道的温度,后通过竖井底部的隧道接力排风机排到竖井内,最终由竖井入口处排风机房内的隧道排风机排到室外。

地下动力中心、空调水泵房、1#集水井泵房均采用机械排风、自然进风的通风方式,满足室内通风换气的要求。在上述每个洞室设置排风机,将室内空气直接排到交通排水廊道内的排风总管,后通过竖井底部的接力排风机排到竖井内的排风管,最终由竖井入口处排风机房内的排风机排到室外。

### 10.5.3　通风空调系统调节运行

在空调机组新风口处安装温湿度传感器,可根据外面温湿度情况,关闭冷水机组的运行,仅对地下洞室进行全面通风,以达到节能的目的。根据室外新风的参数,通风空调系统分为以下 3 种运行工况:

(1)空调季节小新风工况。当室外新风焓值大于空调系统回风焓值时,空调系统采用小新风加一次回风运行。除一部分排风排出地下洞室外,另一部分回风循环使用。

(2)空调季节全新风工况。当室外新风焓值小于或等于空调系统回风焓值且室外新风温度大于空调送风温度时,采用全新风空调运行,空调机组处理室外新风后送至空调区域,排风全部排至室外。

(3)非空调季节工况。当室外新风温度小于空调送风温度时,停止冷水机组运行,室外新风不经冷却处理直接送至空调区域,排风则全部排出室外。

# 10.6　防排烟系统

在建设工程中采用防烟、排烟措施,主要为保证火灾时的人员安全疏散,为消防救援提供条件,并减少火灾产生的热对建筑结构和建筑内物品的损伤作用。因此,设置事故防烟、排烟措施是保证实验厅及附属洞室内人员安全的重要手段。

### 10.6.1　防排烟设计的原则及思路

中微子实验是国家大科学装置,用电负荷较大,其中液闪处理间、电子学间等附属洞室均有较大的用电设备,围绕实验大厅一周的交通排水廊道布置有用电电缆,同时也是科研工作人员日常工作的主要交通路径。一旦上述区域发生火灾,烟气会很快聚集,不易排出,严重影响科研工作者的生命安全。如何解决深埋达 700 m 的地下洞室防排烟问题,如何将防排烟系统与正常通风系统结合起来同样是通风空调系统设计中面临的难题。

项目研究团队根据地下洞室的布置特点,经过认真分析研判,决定采用排烟系统与机械排风系统相结合的方式,利用正常排风系统兼顾排烟系统。实验厅及附属洞室防排烟系统按同一时间发生一次火灾考虑的原则,当发生火灾时,防排烟系统能迅速排除烟气,保证人员安全疏散。

整个地下实验洞室、交通廊道的防排烟模式根据事故发生的位置按以下 3 种情况分别考虑:

(1)地下实验厅及附属洞室发生火灾,采用事故后排风方式;

(2)斜井平段、竖井平段、交通排水廊道发生火灾,作为疏散通道,采用事故中排烟模式;

(3)斜井隧道发生火灾,采用自然排烟模式。

防排烟设计主要参考的设计规范及设计手册如下:

(1)《建筑防火通用规范》(GB 55037—2022);

(2)《建筑设计防火规范》(GB 50016—2014)(2018 年版);

(3)《建筑防烟排烟系统技术标准》(GB 51251—2017);

(4)《水电工程设计防火规范》(GB 50872—2014);

(5)《水力发电厂供暖通风与空气调节设计规范》(NB/T 35040—2014);

(6)《实用供热空调设计手册》(第 2 版)。

在竖井地面出口分别设置送风机房、排风机房,在地下竖井平段靠近竖井底部附近的位置设置接力风机房。在地面送风机房设置两台混流式送风机(1 用 1 备)、1 台事故送风机(备用),在地下接力风机房内设置两台混流式送风机(1 用 1 备),通过竖井内 1 根 $\phi$ 1 000 mm 的不锈钢送风管相连。在地面排风机房设置两台排烟风机(1 用 1 备)、在地下接力风机房内设置 2 台排烟风机(1 用 1 备),通过竖井内一根 $\phi$ 1 000 mm 的不锈钢排烟风管道相连。在排风机房、竖井底部风机房内另分别设置 1 台可逆转混流风机,用于地下交通廊道的通风换气。

## 10.6.2　地下实验厅及附属洞室防排烟

根据建筑专业对地下实验厅及附属洞室划为一个防火分区。各附属洞室之间均采用防火分隔。每个洞室作为一个防烟分区,均采用事故后排风方式。

### 10.6.2.1　实验厅排烟

一旦实验厅发生火灾,通过火灾报警系统立即关闭正在运行的实验厅通风空调系统,实验厅送、回、排风口处均设置有 70 ℃自动关闭防烟防火阀,切断实验厅与外界的联系,防止事故蔓延。与此同时,送风机房、接力风机房内的可逆转混流风机由正常隧道排风模式逆向运行,改为向疏散通道送风,提供新鲜空气,保证人员安全疏散。

在实验厅拱顶与 2# 施工支洞连接处设置常闭排烟防火阀、1 台排烟风机。待实验厅火灾熄灭后,打开实验厅顶处的排烟防火阀,启动排烟风机。烟气通过设置在 2# 施工支洞、1# 施工支洞的 1 000 mm×800 mm 的排烟风管及竖井平段内的 1 000 mm×800 mm 排烟风管,再由接力排烟风机排入竖井内的排烟风管,最后由竖井地面的排烟风机排到室外。

#### 10.6.2.2　附属洞室排烟

　　附属洞室的防排烟设计与实验厅一样,采用事故后排风模式。一旦上述场所发生火灾,通过火灾报警系统立即关闭上述场所的通风空调系统,送、回、排风口处的 70 ℃防烟防火阀自动关闭,切断各实验室与外界的联系,防止事故蔓延。与此同时,送风机房、接力风机房内的可逆转混流风机由正常隧道排风模式逆向运行,改为向疏散通道送风,提供新鲜空气,保证人员安全疏散。

　　分别在安装间、液闪存储及处理间、地下动力中心等附属洞室与交通排水廊道连接处设置防火阀、1 台混流排风机,通过设置在交通排水廊道的排烟风管与竖井平段内的排风排烟管相连。

　　待上述场所火灾熄灭后,打开上述场所防火阀,启动排风机,将烟气排至竖井平段内的 1 000 mm×800 mm 排烟风管,再由接力排烟风机排入竖井内的排烟风管,最后由竖井地面的排烟风机排到室外。

### 10.6.3　竖井与斜井平段、交通排水廊道排烟

　　竖井平段长约 146 m、斜井平段长约 127.91 m、交通排水廊道长约 392.8 m、水净化室与空调水泵房所在的区域廊道长约 57.83 m,上述廊道作为疏散走道的一部分,一旦发生火灾,采用事故中排烟形式,使烟雾能够及时排出室外,以保证实验人员能够安全疏散。

　　排烟系统采用与机械排风系统相结合的方法,利用正常排风系统兼顾事故排烟。排烟量标准按该防烟分区面积每平方米不小于 60 m³/h 计算,整个排烟系统的排烟量按最大一个防烟分区面积每平方米不小于 120 m³/h 计算,排烟风机风量按照 1.2 倍系数考虑。

　　由于竖井内排烟管道断面尺寸的限制,竖井平段与交通排水廊道加在一起长约538.8 m,划分为 8 个防烟分区,斜井平段与水净化室与空调水泵房所在的区域廊道一起划分为 4 个防烟分区,合计共划分为 12 个防烟分区,防烟分区之间装设挡烟垂壁。在每个防烟分区内设置两个防火多叶排烟口,尺寸 1 000 mm×800 mm,排烟口距离防烟分区内的最远点均不超过 30 m。

　　在上述廊道拱顶设置 1 000 mm×800 mm 排烟风管,一旦廊道内发生火灾,通过火灾报警系统,立即关闭实验厅及附属洞室的排风机,同时打开着火点所在防烟分区的排烟口,进行排烟。烟气通过接力排烟风机排到竖井内的排烟风管,并通过竖井地面的排烟风机排到室外。在排烟风机前装设排烟防火阀,当排烟温度达 280 ℃时,温度熔断器动作,排烟防火阀阀门关闭,排烟风机停止运行。

　　在上述地下实验厅及其附属洞室、斜井平段、竖井平段、交通排水廊道某处发生火灾事故时,还有以下通风设备参与防排烟的系统运行:

　　在竖井顶部地面设置送风机房,内设置 2 台混流式送风机(1 用 1 备)、1 台事故送风机(备用),在竖井底部竖井平段设置送风接力机房,内设置 2 台混流式送风机(1 用 1备)。2 台混流式送风机平时负责向地下洞室输送室外新风;一旦上述廊道内发生火灾,通过火灾报警系统,立即关闭正在运行的送风机房内的混流式送风机,用风压较高的事故

送风机代替运行,同时启动送风接力机房的备用风机,负责向竖井前室正压送风,以保证烟气不进入消防前室及竖井。竖井底部的消防前室设置泄压阀。

在竖井底部、顶部分别设置 1 台可逆混流风机,常年运行,负责地下交通廊道的通风换气,由斜井自然进风,竖井排风;一旦实验厅及其附属洞室、上述廊道内某一处发生火灾,且地下工作人员从斜井一侧的方向疏散,上述 2 台风机运行方向不变,人员迎风从斜井一侧疏散撤离;如果工作人员从竖井平段一侧疏散,可逆混流风机逆向运行,向竖井平段送风,作为事故排烟的补风机使用。

避难室正压送风机平时处于关闭状态,一旦上述廊道内发生火灾,通过火灾报警系统,立即打开电动风阀,同时启动风机运行,向避难室送风,使避难室处于正压状态,防止廊道内烟气进入。

### 10.6.4　斜井防排烟

斜井作为进入地下实验厅的交通洞,没有可燃物。按照《水电工程设计防火规范》(GB 50872—2014)第 12.1.2 条“进厂交通洞宜采用自然排烟”的规定,斜井拟采用自然排烟模式。由于斜井坡度为 23.02°,断面高 5.6 m,斜井一旦发生火灾,烟气会自动沿斜井拱顶向洞口自然排出。

与此同时,送风机房、接力风机房内的可逆转混流风机由正常隧道排风模式逆向运行,改为向疏散通道送风,加速斜井烟气的排出。在地下隧道内形成流向斜井一侧的气流,工作人员迎着气流向竖井一侧疏散。位于送风机房与接力风机房内的两台备用风机同时启动运行,负责向竖井底部的消防前室正压送风,保证烟气不进入消防前室及竖井。

# 10.7　环保、减振与节能

## 10.7.1　环保、减振

(1)空气净化:组合式空调机组均设置初、中效过滤器,以改善室内空气品质,对实验厅、液闪处理间有 10 万级洁净度要求的房间,在空调送风管上加装亚高效过滤器。

(2)冷水机组、水泵、风机及空调机组等产生振动的设备采用隔振基础,吊装设备采用减振支吊架。

(3)与冷水机组、水泵、风机及空调机组连接的管道采用软接头进行减振。

(4)管道减振处理:

①风管法兰间应设置垫片,垫片不应含有石棉及其他有害成分,且应耐油耐磨耐潮耐酸碱腐蚀,垫片厚度不应小于 3 mm,普通风管法兰垫片的工作温度不小于 70 ℃,排烟风管法兰垫片的工作温度不小于 280 ℃;

②风管与吊架横担的接触面应加 3~5 mm 厚的耐磨橡胶板;

③风管与风机采用软接头连接,软接头应有良好的阻燃性能,不变形,不老化,在地下潮湿环境下应能使用 15 年以上,工作压力范围为 -15 ~ +15 kPa,耐温要求同风管法兰垫片;

④连接冷水机组、水泵、空调器等设备的水管应采用支撑固定在附近建筑物上,并采取隔振型支架处理,设备与水管间采用柔性橡胶接头连接,以消除管内的应力和振动传递的弹性连接。橡胶软接的爆破压力标准为 4.5 MPa。

## 10.7.2　节能

(1)组合式空调机组采用变频调节,通过检测室内的回风实时温、湿度情况采用不同频率运行,使系统更加节能。

(2)选用能效比高、能量调节范围大(25% ~ 100% 无级调节)、部分负荷时调节特性好、配备先进微电脑控制的冷水机组。由于冷水机组要常年 24 h 不间断运行,冷水机组名义工况下制冷性能系数(COP)及综合部分负荷性能系数(IPLV)均不低于《冷水机组能效限定值及能效等级》(GB 19577—2015)中所规定的能效等级 1 级标准,满足现行节能规范要求。

(3)冷水泵站采用群控系统,将冷水机组、冷水泵、冷却水泵及冷却塔纳入群控系统,提高供冷系统的能效比。

(4)冷水系统采用闭式系统,减少了水泵能耗,节省了输送中的能量损失。

(5)根据经济流速,合理确定风管、水管的尺寸,使输送能耗保持在经济合理的范围内。

(6)新风空调系统采用不同运行工况,即夏季高温季节最小新风空调工况、其他季节根据室外温湿度情况所采取的部分新风空调工况或机械通风,3 种运行工况的运行模式始终贯穿于各个运行时期,最大限度地利用室外冷空气。

(7)空调送/回风管、冷冻/却水供回水管道、分集水器、冷凝水管采用保温棉包覆,减小冷量损失。

(8)通风空调系统设计及材料、设备(螺杆式冷水机组、风机、水泵、保温材料层)的选型均满足《公共建筑节能设计标准》(GB 50189—2015)中的相关要求。

(9)所有通风空调设备均选用节能、高效型设备,以节省设备的运行能耗。

# 第 11 章 通风空调控制系统

# 11.1　概　述

深埋地下实验厅及附属洞室设有通风空调与防排烟系统。通风系统包括新风机、排风机、排烟风机、调节阀、防火阀、防火风口、防排烟防火阀、风管等设备。空调系统包含冷水机组、组合式空调机组、新风机组等。通风和空调系统由 1 套计算机监控系统控制(简称通风空调 PLC 控制系统),实现风机的远方控制和空调系统的自动调节。

通风空调控制系统是通风空调系统、自动控制技术与计算机网络技术相结合的产物,使通风空调具有智能化、数字化建筑的特性。智能化控制系统在我国的应用始于 20 世纪 80 年代,经过近 40 多年的探索实践,其重要性已经越来越被人们认可。而系统本身也从最初的基地式的气动仪表、液压仪表、电动单元组合仪表发展到今天的集散式和现场总线式,应用当前最新网络通信技术、最新数据库管理技术、开放的、可持续发展的综合管理系统。因此,所配置的系统必须体现当前科学技术的最新应用成果。

江门中微子实验站通风空调系统包含大量的机电设备,如冷水机组、组合式空调机组、新风机组、新风机、排风机、排烟风机、调节阀、防火阀、防火风口、防排烟防火阀、风管等,这些设备多而分散。分散,即这些设备分布在不同高程和各个角落。如果采用分散管理,就地控制、监视和测量是难以想象的。采用智能化系统,将完成对制冷和空调、通风以及防排烟等系统的智能化控制,可以合理利用设备,节约能源,节省人力,确保设备的安全运行,加强实验站内机电设备的现代化管理,并创造安全、舒适与便利的工作环境,提高经济效益。

# 11.2　控制系统目标

## 11.2.1　保证实验站内环境的温湿度设计要求

实验站通风空调控制系统将实验站内温湿度控制在设计要求的范围内。能根据系统需求负荷,自动控制机房设备,实现最佳启停/调节控制,保证深埋地下实验厅内环境的温湿度要求;能计量机房内主要设备的冷量、温湿度等;能监测控制所有空调风柜的运行状态,包括温湿度、调节风阀、过滤器、表冷器等。

每台空调处理的独立控制温湿度系统,自动化运行,无人化管理。

每台空调处理的控制柜具备本地控制屏,可以设定温湿度,并自动根据设定参数运行。可实现自动/手动切换。

## 11.2.2　提高设备管理人员的工作效率

对整个冷水机房系统进行监控,从而保障机房各机电设备合理经济运行,及时进行故障报警和设备维护提醒,保证系统及设备安全、可靠运行,并提高设备管理人员的工作效率。

### 11.2.3　节省能源

提供优化的控制方案,控制机房相关设备的耗能;实现机电设备安全、合理运行,降低机电设备运行费用并延长使用寿命,达到节省能源、降低运营成本的目的。

### 11.2.4　实现管理现代化

通过空调通风系统机电设备管理、监视、设备操作、实时控制、统计分析及故障诊断等功能的自动化,为实现设施管理现代化奠定基础,从而提高设施管理水平、降低人工成本。

# 11.3　受控设备清单

受控设备清单见表 11-1～表 11-3。

表 11-1　受控设备清单

| 序号 | 设备名称 | 型号规格 | 单位 | 数量 | 备注 |
|---|---|---|---|---|---|
| 1 | 水冷变频双螺杆式冷水机组 | 冷量 800 kW,$N=124.3$ kW | 台 | 3 | 包括流量开关、流量计、温度计、压力表、控制系统等所有辅件 |
| 2 | 高承压板式换热器 | 换热量 $Q=1\ 000$ kW,一次侧承压 4.1 MPa,二次侧承压 2.5 MPa | 台 | 2 | |
| 3 | 变频冷水循环泵 | $Q=110$ m³/h、$H=93$ m、$N=37$ kW | 台 | 3 | 板换一次侧 |
| 4 | 变频冷水循环泵 | $Q=110$ m³/h、$H=93$ m、$N=37$ kW | 台 | 3 | 板换二次侧 |
| 5 | 变频冷却水循环泵 | $Q=185$ m³/h、$H=28$ m、$N=22$ kW | 台 | 3 | |
| 6 | 圆形横流式冷却塔 | $Q=225$ m³/h,31/36 ℃,湿球温度 28 ℃,$N=15$ kW | 台 | 3 | 运行期 2 用 1 备 |

表 11-2　受控设备清单(二)

| 序号 | 设备编号 | 设备名称 | 风量/<br>(m³/h) | 风压/Pa | 冷量/<br>kW | 电机功率/<br>kW | 数量 |
|---|---|---|---|---|---|---|---|
| 1 | AHU-01、02 | 变频组合式<br>空调机组 | 25 900 | 机外余压 350 | 120 | 15 | 2 |
| 2 | AHU-03、04 | 变频组合式<br>空调机组 | 33 200 | 机外余压 350 | 140 | 15 | 2 |
| 3 | AHU-05、06 | 变频组合式<br>空调机组 | 31 500 | 机外余压 500 | 150 | 22 | 2 |
| 4 | AHU-07、09 | 变频组合式<br>空调机组 | 27 000 | 机外静压 250 | 80 | 11 | 2 |
| 5 | AHU-08、10 | 变频组合式<br>空调机组 | 15 000 | 机外静压 250 | 45 | 5.5 | 2 |
| 6 | AHU-11 | 变频组合式<br>空调机组 | 29 000 | 机外余压 250 | 120 | 11 | 1 |
| 7 | AHU-12 | 模块组合式<br>空调机组 | 49 000 | 机外余压 300 | 125 | 18.5 | 4 |
| 8 | 全新风<br>直膨机 | 直膨式<br>空调机组 | 13 000 | 机外静压 400 | 125 | 5.5 | 3 |

表 11-3　受控设备清单(三)

| 序号 | 名称 | 参数 | 单位 | 数量 | 备注 |
|---|---|---|---|---|---|
| 1 | 变频<br>混流风机 | $G=26\ 528\ m^3/h$、$P=573\ Pa$、$N=7.5\ kW$ | 台 | 4 | 新风机,<br>运行期 2 用 2 备 |
| 2 | 混流风机 | $G=44\ 270\ m^3/h$、$P=1\ 161\ Pa$、$N=22\ kW$ | 台 | 1 | 事故送风机,备用 |
| 3 | 排烟风机 | $G=25\ 192\ m^3/h$、$P=1\ 033\ Pa$、$N=11\ kW$ | 台 | 4 | 排风时、2 用 2 备、<br>隧道排烟时,同时运行 |
| 4 | 可逆<br>混流风机 | $G=26\ 528\ m^3/h$、$P=573\ Pa$、$N=7.5\ kW$ | 台 | 2 | 隧道辅助排风机 |
| 5 | 混流风机 | $G=3\ 936\ m^3/h$、$P=161\ Pa$、$N=0.55\ kW$ | 台 | 2 | 实验厅上排风机 |
| 6 | 混流风机 | $G=2\ 299\ m^3/h$、$P=149\ Pa$、$N=0.55\ kW$ | 台 | 2 | 1#、2#空调机房排风机 |
| 7 | 混流风机 | $G=3\ 274\ m^3/h$、$P=189\ Pa$、$N=0.55\ kW$ | 台 | 2 | 电子学间排风机 |

续表 11-3

| 序号 | 名称 | 参数 | 单位 | 数量 | 备注 |
|---|---|---|---|---|---|
| 8 | 混流风机 | $G = 1\,465\ \mathrm{m^3/h}$、$P = 192\ \mathrm{Pa}$、$N = 0.55\ \mathrm{kW}$ | 台 | 1 | 液闪灌装间排风机 |
| 9 | 混流风机 | $G = 9\,866\ \mathrm{m^3/h}$、$P = 394\ \mathrm{Pa}$、$N = 2.20\ \mathrm{kW}$ | 台 | 1 | 地下动力中心排风机 |
| 10 | 混流风机 | $G = 7\,760\ \mathrm{m^3/h}$、$P = 336\ \mathrm{Pa}$、$N = 1.50\ \mathrm{kW}$ | 台 | 1 | $1^{\#}$集水井泵房排风机 |
| 11 | 排烟风机 | $G = 26\,012\ \mathrm{m^3/h}$、$P = 723\ \mathrm{Pa}$、$N = 7.50\ \mathrm{kW}$ | 台 | 1 | 实验厅排烟风机,备用 |
| 12 | 混流风机 | $G = 2\,299\ \mathrm{m^3/h}$、$P = 149\ \mathrm{Pa}$、$N = 0.55\ \mathrm{kW}$ | 台 | 1 | 液闪处理间排风机 |
| 13 | 混流风机 | $G = 1\,465\ \mathrm{m^3/h}$、$P = 192\ \mathrm{Pa}$、$N = 0.55\ \mathrm{kW}$ | 台 | 1 | 避难室正压送风机 |

# 11.4  控制系统基本功能

## 11.4.1  冷水机房(含板式换热器)

(1)冷水机组实现台数自动控制,自动根据制冷需求调整开机数量,自动平衡机组开机时间,机组故障自动切换。

(2)冷水泵的台数、变频控制,自动根据开启冷水机组情况调整开启数量,自动根据压差控制变频、保证最小流量,自动平衡水泵运行时间,水泵故障自动切换。

(3)冷水泵的实现台数、变频自动控制,自动根据开启冷水机组情况调整开启数量,自动根据压差控制变频、保证最小流量,自动平衡水泵运行时间,水泵故障自动切换。

(4)冷却水泵的实现台数、变频自动控制,自动根据开启冷水机组情况调整开启数量,自动根据温差控制变频、保证最小流量,自动平衡水泵运行时间,水泵故障自动切换。

(5)管道上电动阀门控制,包括但不限于冷水机组出水口电动阀门,冷却塔进水口电动阀门、压差旁通阀等。

(6)冷水机组水流开关监测。

(7)主管道压力监测。

(8)压差旁通阀控制及监测。

(9)室外环境温湿度监测。

(10)冷水一次、二次主管流量、水温采集。计算制冷量。

(11)运行故障监测及报警。包括冷水机组故障信号采集,其他设备运行故障,变频器、电动阀门运行故障。传感器故障报警。

(12)当集水箱水位达到高/低限时,高/低限水位控制器发出报警信号至自动控制系统。

(13)为监视换热器的运行情况,在一次水及二次水的进出口都应设置温度计和压力传感器等。

(14)基于以上各项功能,通过自主提供节能控制策略,实现冷源机房节能控制,提高全机房运行能效。

## 11.4.2　空气处理机组

（1）实现自动控制每台新风机组的温度，空气处理机组区域内的温湿度、空调区域内温湿度要求；实验厅、液闪处理间温度控制在（21±1）℃，湿度<70%，洁净度要求达到 10万级，并满足 6 次/d 换气交换；附属洞式环境温度控制在（23±1）℃，湿度<70%，并满足 6 次/d 换气交换。

（2）每台空气处理机组独立变频控制、设定温湿度，自动化运行，无须人员管理。

（3）每台空气处理机组安装本地控制屏，采用 7 寸彩色液晶触摸屏，用于设定温湿度参数，切换手自动控制，查看环境参数、设备运行情况。

（4）自动控制通过采集空调机组的回风温湿度，控制冷水管路上的动态冷量调节阀开度，实现控制室内温湿度的目的，并反馈动态冷量调节阀开度。

（5）监测空调机组初效、中效、亚高效过滤器的压差。

（6）对于新风空调机组，自动设定送风温度，并根据室外新风空气的温湿度自动启停；3 台新风空调机组 2 用 1 备，每间隔 4 h 切换 1 台。

（7）组合式空调机组应实现故障报警，包括风机故障、传感器故障报警，过滤网压差报警。

（8）每台空调末端配置一个可编程的数字控制器（PLC），并通过通信联网，实现全部空气处理机组的控制汇总和集中管理。

（9）基于以上各项功能，通过控制系统提供节能控制策略，实现空调末端运行节能控制。

（10）每台空气处理机组的弱电与强电做在同一个配电箱内，每台空气处理机组配一个电箱。包含强电电气元件、弱电电气元件、电箱箱体、配套的电线电缆及小五金件等，根据使用环境及技术要求，每个电箱配置除湿装置，确保电子元件正常工作，延长设备的使用寿命。

（11）控制屏操作界面实现分级管理权限，安全保护系统运行。

## 11.4.3　通风系统

（1）可现地手动控制启、停，亦可远方控制，并能通过独立的无源接点反馈运行、停止、故障和现地等状态信息。

（2）风机控制箱设在风机附近，实现对风机等设备的现场控制，通风 PLC 的现地控制单元设在风机控制箱附近。

（3）火灾时，通风空调设备受火警系统自动联动停，相应通风空调设备的控制回路能够向火警系统输出独立无源接点作为动作信号，电控箱进线断路器应配有脱扣器，以满足事故时火灾报警系统切断电源的要求。

（4）控制箱上应有手动启停按钮，运行、停止、故障指示灯等设备。

### 11.4.4　中央监控站

（1）将以上制冷机房、空气处理机组、通风系统的自动控制、监测数据汇总到中央监控站，由同一软件汇总信息，实现空调通风设备的集中控制及监测。

（2）监控软件可实现自动分析运行数据，并生成数据报表，包含制冷量汇总，设备运行、故障汇总。

（3）集中控制界面内容显示应简单明了，色彩丰富，整体美观性强，并提供过去案例界面供参考。

（4）监控系统实现分级管理权限，安全保护系统运行。

（5）中央监控站预留通信接口，以便接入全厂计算机监控系统进行集中监控。

# 11.5　实验站通风空调控制系统

根据本项目空调通风控制系统的特点，为了给该项目打造舒适、安全、可靠、节能、高效的智能化、数字化控制系统，使用 PLC 控制器和功能强大的 WinCC 软件平台，结合空调通风优化策略，建造一个人性化、可靠稳定又节能的控制系统。

## 11.5.1　控制器

控制器在本项目主要用于冷冻站的群控系统，能满足点数多、控制复杂的要求；用于空气处理机组、送排风系统，能满足不同系统独立控制、控制复杂、通过以太网联网，以及通信的要求。

## 11.5.2　系统架构

系统采用分层、分布式系统结构，纵向分为三层：现场控制层、通信网络层和监控层。

### 11.5.2.1　现场控制层

底层是现场控制层。主要设备是 PLC 或基于 PLC 技术的专用控制器。它用于接收各种场信号，执行控制计算和输出信号以控制各种现场设备。输入信号包括模拟信号，如温度、压力和流量以及开关信号，如压缩机和泵启动和停止。PLC 技术的专用控制器还可以通过 RS485 等通信接口与现场智能电表交换数据，或通过标准接口与其他控制产品连接。PLC 或基于 PLC 技术的专用控制器通过串口连接到 HMI。

### 11.5.2.2　通信网络层

中间监控层通过网络设备接收各种类型的现场数据，并在监控计算机上显示各种设备的运行状态和参数，监控软件运行在监控计算机上，处理和存储各种类型的数据，然后通过网络与中央监控系统进行交互。

### 11.5.2.3　监控层

监控系统使用高可靠性工业控制计算机及软、硬件系统，高性能的现场总线技术及网络通信技术，整个系统运行安全、稳定可靠、使用维护方便。

监控层包含数据服务器、监控计算机、网络交换机、打印机、UPS 以及监控软件，设于中控室内，作为监控、调度、运行及专业人员的人机交互窗口，以图形显示、报表打印、音响报警等各种方式对系统运行状况进行实时监视,实现可控装置的控制调节等。

# 11.6　控制系统控制策略及基本逻辑

本项目的冷源系统由 3 台冷水机组、6 台冷水泵(一次侧、二次侧各 3 台)、3 台冷却水泵、3 台冷却塔、高承压板式换热器组成。

与集成相关:控制系统通过 Modbus 网关集成冷水机组系统的各种必要参数,可以参与到对冷源系统的整体监控中。这将使得冷源系统群控更加完美。

本方案选用的监控系统与冷水机组有相应的接口,采集的主要参数数据如下:

➢本地/远程控制模式

➢主机运行状态/故障报警

➢主机启动/停止

➢蒸发器/冷凝器压力

➢润滑油压力

➢蒸发器/冷凝器冷媒温度和压力

➢冷水出、入温度

➢冷却水出、入温度

➢冷水设定温度

➢冷却水设定温度

➢滑油温度/流量

➢电流/电压

➢用电功率

➢压缩机运行小时数

➢压缩机激活次数

## 11.6.1　冷源系统群控内容

智能化群控系统对冷水机组的监控内容见表 11-4。

表 11-4　智能化群控系统对冷水机组的监控内容

| 监控设备 | 监控方式及监控内容 |
| --- | --- |
| 冷冻机组 | 通过冷水机组通信接口,读取本地/远方控制模式、设备运行状态、设备故障报警、冷水供回水温度、冷却水供回水温度、冷水出水温度设定值、电流百分比等参数数据,并能远程启动/停止冷水机组;<br>与冷水机组配套的冷水出水电动蝶阀与冷却水出水电动蝶阀开关控制,并实时监测电动蝶阀的阀位反馈信号,作为联锁启动后续设备的依据;<br>冷水水流状态(压差状态),冷却水水流状态(压差状态)监测,作为联锁启动冷水机组的必要条件 |

**续表 11-4**

| 监控设备 | 监控方式及监控内容 |
|---|---|
| 变频<br>冷水泵 | 监测总供回水管的压差、冷水总管流量、变频泵频率反馈、变频水泵的频率调节;<br>监测变频冷水泵的手/自动状态、运行状态、故障报警、远程启停控制 |
| 变频<br>冷却水泵 | 监测冷却水总管出水温度、变频泵频率反馈、变频水泵的频率调节;<br>监测变频冷却水泵的手/自动状态、运行状态、故障报警、远程启停控制 |
| 冷却塔 | 对与冷却塔配套的进水电动蝶阀开关控制,并实时监测电动蝶阀的阀位开关信号;<br>实时监测冷却塔风机的手/自动状态、运行状态、故障报警、启停控制等控制信号 |
| 板式<br>换热器 | 跟进二次侧供水温度对一次侧进水电动调节阀进行调节,并实时监测阀门的阀位信号;<br>实时监测一次、二次侧水温和压力信号 |

地面斜井入口附近设冷水机房,根据不同时期的冷负荷特点以及后期运行的机组备用、方便调节考虑,冷水机房内布置 3 台变频双螺杆式冷水机组(在水池灌水期的 2 个月、液闪灌装期的 6 个月期间 3 台运行,在安装期、运行期 2 用 1 备)。

空调通风控制系统根据上述设备的监控内容,其具体控制方案说明如下:

空调通风控制系统可以实现优化的台数启停控制,使各台设备的运行时间可以基本上一致,延长设备的实用寿命。

## 11.6.2　冷源系统的启停顺序控制

冷水机组、冷水泵、冷却水泵联锁装置:根据系统冷负荷变化,自动或手动控制冷水机组运转台数(包括相应的冷水泵、冷却水泵、冷却塔)。

制冷机组开启顺序:开(加)机指令—冷却塔进水电动蝶阀—冷却水泵—冷水进水电动蝶阀—冷水泵—冷却塔风机—冷水机组。

制冷机组关闭顺序:关(减)机指令—冷水机组—冷却塔风机—冷水泵—冷水进水电动蝶阀—冷却水泵—冷却塔进水电动蝶阀。

## 11.6.3　多台冷水机组的节能控制

系统监测供回水管的温度、压力信号以及每台机组的流量信号;根据各种信号条件对冷水机组的负荷进行计算。根据计算出整体的负荷条件,再参考 3 台冷水机组的整体运行条件,如设备的已运行时间、运行维护条件以及用户的一些必要的维护运行干预,对 3 台冷水机组的启停进行整体考虑,这就是所谓的冷水机组的群控。

其某些控制要点内容如下:

✓机组启动后通过彩色图形显示不同的状态和报警、每个参数的值,通过鼠标任意修改设定值,以达到最佳的工况。

✓机组的每一点都有列表汇报,趋势显示图,报警显示。

✓当机组设备发生故障时,提示报警,并自动进行切换。

✓程序控制冷水系统,实现机组的最低能耗和最低的主机折旧费率。

✓根据程序或大楼的日程安排自动开关冷水机组。

✓根据实验站的要求自动切换机组的运行时间,累积每台冷水机组运行时间最短的机组,使每台机组运行时间基本相等,延长机组的使用寿命。

✓BAS 通过集成方式读取和控制机组的内部数据,可以更好地优化控制程序以达到更好的节能效果。

冷量精细调控——制冷主机运行于高效区间。系统配置冷量精确分配功能,监控软件自存储主机性能数据,可按实际负荷通过自动加减机组台数,实现冷量的合理分配,使冷冻机组处于高效运行区间。

冷水机组加减载控制原则。一般情况下启动 2 台冷水机组,通过供回水管上温度、流量传感器测得值计算出空调所需冷负荷,根据实际所需冷负荷量决定运行几台冷冻机组。当空调所需冷负荷增大时,控制系统会自动对当前系统实际的冷水总供水温度与冷水供水温度设定值进行比较,然后根据事先设定好的加载参数进行判断,如果满足加载条件,则自动控制系统会自动启动下一台机组以满足系统的需要。加载时优先加载小容量制冷主机,如小容量制冷主机已全部处于运行状态,则启动大容量制冷主机。

## 11.6.4　冷却塔节能控制

### 11.6.4.1　冷却塔节能控制策略

安装室外温湿度传感器和冷却塔出水温度传感器,当室外空气(湿球)温度变化或冷却负荷发生改变时,采用适当的措施使冷却塔的冷却能力与冷却负荷相匹配,从而节省运行能耗。

本项目的中央冷源系统设计制冷主机与冷却塔相互对应,冷却塔的开启台数按照对应的制冷主机的开启台数来决定,在夏天,可以根据室外温湿度得出的室外湿球温度,增加冷却塔台数,使供水温度和环境湿球温度保持一定逼近度(冷却水供水温度的设定点随环境湿球温度的变化而变化),达到节能的效果[冷却塔投入的数量主要由冷却水的供水温度确定。当冷却水温度高于设定值时,先根据温度来调节冷却塔的台数,在调节后30 min(可调)冷却水供水温度仍高于设定值,这时需增加冷却塔的台数]。

在每台冷却塔入口处加一个电动蝶阀,以便实现不同冷却塔台数控制的要求。

### 11.6.4.2　冷却塔的监控内容

中央冷源监测与控制系统对冷却塔风机的运行状态、故障报警、手/自动状态等进行实时监测;中央冷源监测与控制系统可远程启动/停止冷却塔风机控制;系统累计各台冷却塔的运行时间,开列保养及维修报告,通过联网将报告直接传送至有关部门。

通过温度调节控制风机的启、停。当室外空气(湿球)温度降低时,冷却塔的冷却能力增加,出口水温降低,由温度调节器感知水温,停止风机运转,达到防止水温过低及节能的目的。

## 11.6.5　冷却水泵节能控制

### 11.6.5.1　冷却水泵节能控制策略

通过获取冷水机组冷凝温度或压力变频调节水泵流量与设定值对应,并通过冷水机组冷凝温度或压力情况调节水泵流量。

　　根据冷水机组和冷水泵性能特性限定变频水泵最低频率,例如其中大机 1 000 RT 机组对应水泵最小频率设置为 30 Hz,小机小于 600 RT 机组对应水泵最小频率设置为 40 Hz。

　　本项目的中央冷源系统设计冷水机组与冷却水泵相互对应,冷却水泵的开启台数按照对应的冷水机组的开启台数来决定。

### 11.6.5.2　冷却水泵的监控内容

　　中央冷源监测与控制系统对冷却水泵的运行状态、故障报警、手/自动状态、频率反馈等进行实时监测;中央冷源监测与控制系统可远程启动/停止冷却水泵和进行频率调节控制;系统累计各台冷却水泵的运行时间,开列保养及维修报告,通过联网将报告直接传送至有关部门。

## 11.6.6　冷水泵节能控制(一次侧、二次侧冷水泵)

### 11.6.6.1　冷水泵节能控制策略

　　根据末端最不利端压力差 PID 调节冷水泵频率,当末端最不利端压力差变大时,相应地减少所开冷水泵的频率;当末端最不利端压力差变小时,相应地增加所开冷水泵的频率。

　　根据冷水机组和冷水泵性能特性限定变频水泵最低频率,例如其中大机 2 000 kW 机组对应水泵最小频率设置为 30 Hz,小机小于 1 000 kW 机组对应水泵最小频率设置为 35 Hz。

　　中央冷源系统设计冷水机组与冷水泵相互对应,冷水泵的开启台数按照对应的冷水机组的开启台数来决定。

### 11.6.6.2　冷水泵的监控内容

　　中央冷源监测与控制系统对冷水泵的运行状态、故障报警、手/自动状态、频率反馈等进行实时监测;中央冷源监测与控制系统可远程启动/停止冷水泵和进行频率调节控制;系统累计各台冷水泵的运行时间,开列保养及维修报告,通过联网将报告直接传送至有关部门。

## 11.6.7　冷水旁通阀开度节能控制(流量控制最佳化)

　　在冷水供、回水总管之间设电动旁通阀:在末端仅部分负荷且冷水泵自动调节至最低频率,而末端压差仍比设定值高时,根据 PID 调节冷水旁通阀的开度比例,以此来调节冷水旁通管的流量。

　　中央冷源监测与控制系统实时监测各冷水分/集水器上和末端的供回水压力,当冷水泵调节至最低频率,末端的供回水压力差高于设定值时,打开冷水旁通阀门,使冷水供回水总管之间的压力差不高于设定值。

## 11.6.8　板式换热器控制

　　在板式换热器一次侧和二次侧进出水口各设温度和压力传感器,监测换热器工作状况:在板式换热器一次侧机房供水处加装二通调节阀,通过调节一次侧冷水流量,控制二次侧的冷水出水温度在系统所需的 5 ℃ 范围,确保末端正常运行(按空调设计,两级空调冷水闭式循环系统的温度分别控制在 3.0~9.6 ℃、5.0~10.6 ℃)。

　　地面斜井入口冷水机房与地下实验厅相对高差约 500 m,相当于 160~170 层高的大楼,水系统静压力太大,考虑到系统设备的承压能力,必须对水系统进行竖向分区处理。在斜井通道-270 m 高程 2+集水井处设置 2 台高承压水-水板式换热器(一次侧承压约 4.1 MPa),将水系统竖向分成两级闭式循环系统。

中央冷源监测与控制系统实时监测换热器一次水、二次水进出水的温度和压力。

## 11.6.9　冷却水旁通阀开度控制

在冷却水供、回水总管之间设温度旁通阀:冷水机组需要在冬季运行时,必须采用比例调节阀控制进冷水机组的水温不能太低,一般设定冷却水进冷水机组水温不低于 18 ℃(可调)。

中央冷源监测与控制系统实时监测冷却水总管上的供回水温度,当冷却水进冷水机组水温低于设定值时,打开冷却水旁通阀门,使冷却水温度不低于设定值。

## 11.6.10　组合式空调机组节能控制策略

### 11.6.10.1　温度、湿度控制方案

在一定的温度条件下,湿空气中的水蒸气达到最大限度的蒸汽量的湿空气成为饱和湿空气,此时的水蒸气量成为饱和含湿量。

相对湿度:在某一温度下,空气中的实际水蒸气量与饱和含湿量的比值即为相对湿度。

除湿运行主要有两种工作状况:夏季高温高湿状态,春秋季中温高湿状态。

解决办法:冷凝除湿。在空调末端循环的空调冷水,利用风机循环室内空气,达到降温的效果。并且表冷器的温度低于露点温度,会使空气中的水蒸气在空调末端内冷凝成液态水排出,从而降低室内的相对湿度。

室内温度在高温潮湿状态时,通过空调末端降温除湿处理,变成露点送风状态。送风至室内后,与室内气流混合升温,回到正常状态[(21±1)℃、湿度<70%]。

### 11.6.10.2　组合式空调机组控制原理

实验厅及附属洞室实验运行期 30 年,兼顾实验安装期 9 个月、水池灌水期 2 个月、液闪灌装期 6 个月的通风空调需求。

实验厅空调机组 AHU-01~ AHU-04,根据室内空调负荷常年变频运行。

在安装期、水池灌水期、液闪罐装期,空调机组 AHU-05~ AHU-06,排风机 18 运行。

在液闪罐装期,运行期空调机组 AHU-07~ AHU-10 运行。

在安装期,空调机组 AHU-11 运行。

控制系统由装设在回风口的温湿度传感器及装设在回水管上的动态冷量调节阀组成。系统运行时,温度控制器把温湿度传感器所检测的温度与温湿度控制器设定温度相比较,并根据比较结果输出相应的电压信号,以控制动态冷量调节阀的动作,通过改变水流量,使回风温度保持在所需要的范围。空调机组以回风温度作为控制信号。

空气处理机组控制按钮设在该层机房内,就地控制,空调通风控制系统可以远程监控。

每台空气处理机组配备一个 PLC 控制器、触摸屏,这些设备装配在一个强弱电一体化电箱中,方便现场的操作及维护。

### 11.6.10.3 新风机组监控内容

新风机组监控内容见表11-5。

**表 11-5 新风机组监控内容**

| 监控设备 | 监控方式及监控内容 |
| --- | --- |
| 空气处理机组 | AI:出风口温度监测、回风温湿度监测、新风温湿度监测(如有);<br>AO:冷水盘管阀门、新回风阀(如有)的开度控制及开度反馈;<br>DI:过滤网压差监测、风机运行状态、故障报警、手/自动状态;<br>DO:风机启停控制 |

### 11.6.10.4 控制策略

➤温湿度控制:根据回风温湿度与设定点比较,对冷水阀开度进行 PID 调节,从而控制回风温湿度。在夏季工况时,当回风温湿度高于设定值时,调节水阀开大;当回风温度低于设定值时,调节水阀开小。

➤中央对系统中各种温度进行监测和设定。

➤过滤网的压差报警,提醒清洗过滤网。

➤自动控制风机启停,并累计运行时间及启停次数。

➤组合式空调机组,采用变频调节,通过监测室内回风温湿度情况,采用不同变频运行,使系统更加节能。

➤有新风的组合式空气处理机,根据新风和回风焓值比较,采用不同运行工况,即夏季高温季节采用最小新风空调工况,其他季节根据室外温湿度情况采取部分新风空调工况或机械通风,三种运行工况的运行模式始终贯穿于各个运行时期,最大限度地利用室外冷空气。

## 11.6.11 通风系统控制

### 11.6.11.1 通风系统控制原理

实验厅的通风空调主要是排除实验设备泄露和岩体可能释放的有害气体,为实验室人员提供舒适的工作环境,为实验设备提供良好的运行环境。

实验厅及附属洞室实验运行期30年,兼顾实验安装期9个月、水池灌水期2个月、液闪灌装期6个月的通风空调需求。

上述期间,通风系统通过竖井内风管采用机械送、排风系统。

新风机7两用两备,负责地下洞室输送通风,7(A)与7(B)互备,7(C)与7(D)互备。

排烟风机9两用两备,负责地下洞室排烟,9(A)与9(B)互备,9(C)与9(D)互备。

排风机10(A),10(B)常年运行,负责地下交通廊道的排风。

排风机11、12、13、14常年运行,负责地下交通廊道排风,由斜井进风,竖井排风。

送排风机控制按钮设在设备附近,就地控制,空调通风控制系统可以远程监控。

### 11.6.11.2 通风系统监控内容

通风系统监控内容见表11-6。

表 11-6　通风系统监控内容

| 监控设备 | 监控方式及监控内容 |
| --- | --- |
| 送排风机 | AI：<br>AO：<br>DI：风机压差监测（重点风机）、风机运行状态、故障报警、手/自动状态<br>DO：风机启停控制 |

#### 11.6.11.3　控制策略

> 可现地手动控制启、停，亦可远方控制，并能通过独立的无源接点反馈运行、停止、故障和现地等状态信息。

> 自动控制风机启停，并累计运行时间及启停次数。

> 控制箱上有手动启停按钮，运行、停止、故障指示灯等设备。

> 火灾时，通风空调设备受火警系统自动联动停，相应通风空调设备的控制回路能够向火警系统输出独立无源接点作为动作信号，电控箱进线断路器应配有脱扣器，以满足事故时火灾报警系统切断电源的要求。

### 11.6.12　空调通风系统控制的节能措施总结

实验厅的通风空调主要是排除实验设备泄露和岩体可能释放的有害气体，为实验室人员提供舒适的工作环境，为实验设备提供良好的运行环境。主要采用了以下的节能设计和策略：

> 有新风的组合式空气处理机，根据新风和回风焓值比较，采用不同运行工况，即夏季高温季节最小新风空调工况，其他季节根据室外温湿度情况采取部分新风空调工况或机械通风，三种运行工况的运行模式始终贯穿于各个运行时期，最大限度地利用室外冷空气。

> 组合式空调机组，采用变频调节，通过监测室内回风温湿度情况，采用不同频率运行，使系统更加节能。

> 冷冻站采用群控系统，将冷水机组、冷水泵、冷却水泵、冷却塔纳入冷冻站群控系统，通过台数控制、一次泵变频、冷却泵变频、冷却塔最优控制等优化控制策略，降低能耗，提高系统的能效比。

### 11.6.13　实验站通风空调控制系统表

#### 11.6.13.1　冷源部分
冷源部分见表 11-7。

#### 11.6.13.2　空气处理机组部分
空气处理机组部分见表 11-8。

#### 11.6.13.3　通风系统部分
通风系统部分见表 11-9。

表11-7　冷源部分

| 序号 | 建筑 | 楼层/标高 | 房间编号 | 设备名称 | 数量 | AI 旁通阀开度反馈 | AI 室外温度检测 | AI 室外湿度检测 | AI 水压力检测 | AI 水温度检测 | AI 变频流量检测 | AI 变频器频率检测 | TOTAL-AI | DI 手/自动状态 | DI 设备运行状态 | DI 设备故障报警状态 | DI 变频器故障状态 | DI 变频器运行状态 | DI 电动蝶阀开关状态 | DI 高/低水位开关 | TOTAL-DI | DO 设备启停控制 | DO 电动蝶阀门开关控制 | TOTAL-DO | AO 频率控制 | AO 电动比例积分二通阀 | AO 电动态流量调节阀 | AO 旁通阀调节 | TOTAL-AO | 网关接口 |
|---|---|---|---|---|---|---|---|---|---|---|---|---|---|---|---|---|---|---|---|---|---|---|---|---|---|---|---|---|---|---|
| 1 | 地面 | 67.85 | 冷水机房系统 | 水冷式螺杆冷水机组 | 3 |  |  |  |  |  |  |  | 0 | 3 | 3 | 3 |  |  | 12 | 6 | 27 | 3 | 6 | 9 |  |  |  |  | 0 | 1 |
|  |  |  |  | 冷水供回水总管 | 1 |  |  |  | 2 | 2 | 1 |  | 5 |  |  |  |  |  |  |  | 0 |  |  | 0 |  |  | 2 |  | 2 |  |
|  |  |  |  | 压差旁通阀 | 1 | 1 |  |  |  |  |  |  | 1 |  |  |  |  |  |  |  | 0 |  |  | 0 |  | 1 |  | 1 | 2 |  |
|  |  |  |  | 膨胀水箱 | 1 |  |  |  |  |  |  |  | 0 |  |  |  |  |  |  | 2 | 2 |  |  | 0 |  |  |  |  | 0 |  |
|  |  |  |  | 室外环境 |  |  | 1 | 1 |  |  |  |  | 2 |  |  |  |  |  |  |  | 0 |  |  | 0 |  |  |  |  | 0 |  |
|  |  |  |  | 冷却水泵 | 3 |  |  |  |  |  |  | 3 | 3 | 3 | 3 | 3 | 3 | 3 |  |  | 15 | 3 |  | 3 | 3 |  |  |  | 3 |  |
|  |  |  |  | 第一级冷水泵 | 3 |  |  |  |  |  |  | 3 | 3 | 3 | 3 | 3 | 3 | 3 |  |  | 15 | 3 |  | 3 | 3 |  |  |  | 3 |  |
|  |  |  |  | 冷却塔 | 3 |  |  |  |  |  |  |  | 0 | 3 | 3 | 3 |  |  | 6 |  | 15 | 3 | 3 | 6 |  |  |  |  | 0 |  |
|  |  |  |  | 冷却水供回水总管 | 1 |  |  |  |  | 2 |  |  | 2 |  |  |  |  |  |  |  | 0 |  |  | 0 |  |  |  | 1 | 1 |  |
| 2 | 斜井 | -270 | 换热站 | 水-水板式换热器 | 2 |  |  |  |  |  |  |  | 0 |  |  |  |  |  |  |  | 0 |  |  | 0 |  |  |  |  | 0 |  |
|  |  |  |  | 一次侧 | 2 |  |  |  | 2 | 4 |  |  | 6 |  |  |  |  |  |  |  | 0 |  |  | 0 |  | 2 |  |  | 2 |  |
|  |  |  |  | 二次侧 | 2 |  |  |  | 2 | 4 |  |  | 6 |  |  |  |  |  |  |  | 0 |  |  | 0 |  |  |  |  | 0 |  |
|  |  |  |  | 膨胀水箱 | 1 |  |  |  |  |  |  |  | 0 |  |  |  |  |  |  | 2 | 2 |  |  | 0 |  |  |  |  | 0 |  |
| 3 | 地下 | -430 | 空调水泵房 | 第二级冷水泵 | 3 |  |  |  |  |  |  | 3 | 3 | 3 | 3 | 3 | 3 | 3 |  |  | 15 | 3 |  | 3 | 3 |  |  |  | 3 |  |
|  |  |  |  | 冷水供回水总管 | 1 |  |  |  | 2 | 2 | 1 |  | 5 |  |  |  |  |  |  |  | 0 |  |  | 0 |  | 1 |  |  | 1 |  |
|  |  |  |  | 压差旁通阀 | 1 | 1 |  |  |  |  |  |  | 1 |  |  |  |  |  |  |  | 0 |  |  | 0 |  |  |  | 1 | 1 |  |
|  |  |  |  |  | 2 | 1 | 1 | 8 | 14 | 2 | 9 |  | 37 | 15 | 15 | 15 | 9 | 9 | 18 | 10 | 91 | 15 | 9 | 24 | 9 | 4 | 2 | 3 | 18 | 1 |
|  |  |  |  |  |  |  |  |  |  |  |  |  | 37 |  |  |  |  |  |  |  | 91 |  |  | 24 |  |  |  |  | 18 |  |

表 11-8　空气处理机组部分

| 序号 | 建筑 | 房间编号 | 设备编号 | 数量 | AI | | | | | | | | | | DI | | | | | | | | | | | DO | | | AO | | | | | 网关接口(MODBUS) |
|---|---|---|---|---|---|---|---|---|---|---|---|---|---|---|---|---|---|---|---|---|---|---|---|---|---|---|---|---|---|---|---|---|---|---|
| | | | | | 新风温度检测 | 新风湿度检测 | 回风温度检测 | 回风湿度检测 | 送风温度检测 | 水流量(预留) | 调节风阀开度反馈 | 动态流量调节阀开度反馈 | 变频器开度反馈 | TOTAL-AI | 手/自动状态 | 设备运行状态 | 风机故障报警状态 | 风机压差状态 | 变频器故障状态 | 初效过滤网报警 | 中效过滤网报警 | 亚高效过滤网报警(预留) | 消防火灾信号 | 加热丝超温报警 | TOTAL-DI | 设备启停控制 | 加热丝开关控制 | TOTAL-DO | 新风阀调节 | 回风阀调节 | 动态流量调节阀调节 | 变频调节 | TOTAL-AO | 网关接口(MODBUS) |
| 1 | 地面 | 竖井旁送风机房 | 新风机组 | 3 | | | | | | | | | | | | | | | | | | | | | | | | | | | | | | 1 |
| 2 | 地下实验厅及附属洞室 | 1#、2#空调机房 | AHU-01~04 | 4 | 4 | 4 | 4 | 4 | 4 | 4 | 8 | 4 | 4 | 40 | 4 | 4 | 4 | 4 | 4 | 4 | 4 | | 4 | 4 | 36 | 4 | | 4 | 4 | 4 | 4 | 4 | 16 | |
| 3 | | 液闪存储及处理间 | AHU-05~06 | 2 | 2 | 2 | 2 | 2 | 2 | 2 | 4 | 2 | 2 | 20 | 2 | 2 | 2 | 2 | 2 | 2 | 2 | 2 | 2 | 2 | 20 | 2 | | 2 | 2 | 2 | 2 | 2 | 8 | |
| 4 | | 1#、2#电子学间 | AHU-07~10 | 4 | | | 4 | 4 | 4 | 4 | | 4 | 4 | 24 | 4 | 4 | 4 | 4 | 4 | 4 | | | 4 | 4 | 32 | 4 | | 4 | | | 4 | 4 | 8 | |
| 5 | 安装间 | | AHU-11 | 1 | 1 | 1 | 1 | 1 | 1 | 1 | 2 | 1 | 1 | 10 | 1 | 1 | 1 | 1 | 1 | 1 | 1 | | 1 | 1 | 9 | 1 | | 1 | 1 | 1 | 1 | 1 | 4 | |
| | | 合计 | | 11 | 7 | 7 | 11 | 11 | 11 | 11 | 14 | 11 | 11 | 94 | 11 | 11 | 11 | 11 | 11 | 11 | 7 | 2 | 11 | 11 | 97 | 11 | 0 | 11 | 7 | 7 | 11 | 11 | 36 | 1 |
| | | | | | | | | | | | | | | 94 | | | | | | | | | | | 97 | | | 11 | | | | | 36 | |

表11-9　通风系统部分

| 序号 | 建筑 | 楼层/标高 | 房间编号 | 设备名称 | 数量 | 水流量(预留) | 调节风阀开度反馈 | 二通阀开度反馈 | 变频器开度反馈 | TOTAL-AI | 手/自动状态 | 设备运行状态 | 设备故障报警状态 | 风机压差状态 | 变频器故障状态 | 初效过滤网报警 | 中高效过滤网报警 | 消防火灾信号(预留) | 加热丝超温报警 | TOTAL-DI | 设备启停控制 | 加热丝开关控制 | TOTAL-DO | 新回风风阀调节 | 电动二通阀调节 | 变频调节 | TOTAL-AO |
|---|---|---|---|---|---|---|---|---|---|---|---|---|---|---|---|---|---|---|---|---|---|---|---|---|---|---|---|
| 1 | 地面 | 127 | 竖井旁送排风风机房 | 送排风机 | 6 | | | | | 0 | 6 | 6 | 6 | 6 | | | | | | 24 | 6 | | 6 | | | | 0 |
| 2 | 地下实验厅及附属洞室 | -430 | 送排风接力风机房 | 送排风机 | 5 | | | | | 0 | 5 | 5 | 5 | 5 | | | | | | 20 | 5 | | 5 | | | | 0 |
| 3 | 地下实验厅及附属洞室 | -430 | 1#电子学间 | 送排风机 | 3 | | | | | 0 | 3 | 3 | 3 | | | | | | | 9 | 3 | | 3 | | | | 0 |
| 4 | 地下实验厅及附属洞室 | -430 | 液闪灌装间 | 送排风机 | 5 | | | | | 0 | 5 | 5 | 5 | | | | | | | 15 | 5 | | 5 | | | | 0 |
| 5 | 地下实验厅及附属洞室 | -430 | 1#集水井泵房 | 送排风机 | 3 | | | | | 0 | 3 | 3 | 3 | | | | | | | 9 | 3 | | 3 | | | | 0 |
| | | | | | 22 | 0 | 0 | 0 | 0 | | 22 | 22 | 22 | 11 | 0 | 0 | 0 | 0 | 0 | 77 | 22 | 0 | 22 | 0 | 0 | 0 | 0 |
| | | | | | | | | | | 0 | | | | | | | | | | 77 | | | 22 | | | | 0 |

# 第 12 章　施工安装说明

# 12.1  设备施工安装要求

（1）设备安装时，应严格按照设备生产厂家的安装使用说明书要求进行安装。设备预留基础、地脚螺栓、预埋件必须与到货设备核实后方可进行施工，如遇有与设计不符之处需与设计进行确认后协调解决。本设计所有设备均设减振措施，其中大型设备的减振器及减振台架均由设备生产厂家配套供货，到货减振器与本设计不一致时应按设备生产厂家要求施工或重新确定安装方案。

（2）设计中通风空调系统的风口、风阀类部件均为生产厂家的定型产品，其产品均须满足设计中所提出的性能要求。部件安装前均需按国家有关标准进行外观检查并作严密性及灵活性试验，按照厂家使用说明书要求及有关建筑设备施工安装通用图进行安装。送、回风口不应布置在强、弱电设备正上方，如因现场设备安装位置调整等原因造成风口位于设备正上方则应根据现场情况调整风口位置。

（3）所有空调机组及风机盘管安装要求均按设计图纸与厂家说明书执行，机组冷凝水排入基础边沟或与冷凝水管相接时均需要设置水封，水封高度应满足设备要求。冷凝水管道敷设应注意坡向排水点，并保证不小于 0.01 的坡度。机组的进出水管与支管的连接应采用活接头连接。

（4）冷水机组性能参数、安装要求均详见设计图纸与厂家的有关资料，严格按照厂家安装使用说明书的要求及供货商的督导要求进行安装，并应遵守《制冷设备、空气分离设备安装工程施工及验收规范》（GB 50274—2010）及《机械设备安装工程施工及验收通用规范》（GB 50231—2009）中相关规定。冷水系统安装与调试应按《通风与空调工程施工质量验收规范》（GB 50243—2016）的有关规定执行。管道清洗合格前不得与冷水机组连接。冷水系统及风系统柔性短管安装后应与管道同一中心，不能扭曲，松紧应比安装前短10 mm 左右。

（5）非防排烟专用风机与风管、风管与静压箱的连接采用柔性短管，入口的柔性短管可适当紧张安装以防止风机启动被吸入；防排烟系统作为独立系统时，风机与风管应采用直接连接，不应加设柔性短管。

（6）通风机底座采用减振装置时，其基础顶面宜附设底座水平方向的限位装置，但不得妨碍底座垂直方向的运动。

（7）防排烟风机应设在混凝土或钢架上，且不应设置减振装置；若排烟系统与通风空调系统共用时，不应使用橡胶减振装置。

（8）吊装风机、空调机组及消声器应满足厂家及国家相关规范的安装要求。当采用膨胀螺栓固定时，每根吊杆顶端设型钢，并用两个膨胀螺栓固定型钢。安装在吊顶内的设备根据检修及调试要求应增设检查孔，检查孔形式参照国标图集（06K131、第 19 页）执行。

（9）消声器安装应满足厂家及国家相关规范安装要求，且应符合下列规定：

①每个纵向段的吸声体，其组件竖直方向接口必须对齐，吸声体两侧外缘垂直度允许偏差为 0.001。

②吸声体各纵向段应相互平行,前端外缘应处于与气流方向垂直的同一平面内且与中间连接结合牢固。

③组合后吸声体的顶部、底部及吸声体临近侧壁方向皆应与结构壁面结合牢固,在额定风量下不得出现松动或震颤现象。

(10)组合风阀的安装应根据制造厂的安装要求进行,安装此类设备的紧固零部件均采用热镀锌件,热镀锌层破坏处采用环氧沥青漆进行防腐。

(11)水泵安装时均设置减振器。水泵减振器由设备厂家配套提供,当水泵电动机转速大于 1 500 r/min 时,选用橡胶隔振器,当水泵电动机转速小于 1 500 r/min 时,选用弹簧隔振器。水泵进出水管均设置可曲挠橡胶软接头,水泵吸水管应采用管顶平接,水泵过滤器安装应能确保能抽出滤芯,便于清洗与检修。

(12)冷却塔安装时设置橡胶隔振垫,橡胶隔振垫由冷却塔厂家根据设备参数配套供应,冷却塔进出水管、补水管应单独设置支架。

## 12.2　空调水系统安装要求

### 12.2.1　管材

空调水管采用热镀锌无缝钢管,当管道公称直径不大于 DN80 时采用承插压合式、双卡压式或环压式的连接方式;当管道公称直径大于 DN80 时采用承插压合式、法兰或焊接连接方式。空调冷凝水管采用热镀锌钢管,螺纹连接。

### 12.2.2　空调水管支、吊架

(1)空调水管支、吊架的安装应平整牢固,与管道接触紧密,管道支、吊架的紧固螺栓应有防松动措施。

(2)由于施工环境闷热潮湿,支、吊架均采用不锈钢材质制作,个别非不锈钢支、吊架及附件应作热镀锌防腐处理,镀层厚度及质量应符合《金属覆盖层 钢铁制件热浸镀锌层技术要求及试验方法》(GB/T 13912—2020)的相关规定。

(3)管道与设备连接处应设独立支吊架。

(4)与设备连接的管道管架应有减振措施。

(5)管道上支、吊架位置不应妨碍水过滤器的拆装,也不得占用设备及阀门仪表等管道附件的操作空间。

(6)管道支、吊架的规格及形式和设置位置由施工单位根据现场情况确定,支、吊架水平安装间距应按表 12-1 的规定执行,做法参见国标相关图集《室内管道支吊架》(05R417-1)第 60~96 页、《通风与空调工程施工质量验收规范》(GB 50243—2016)的要求。管道支、吊架设置位置、间距施工单位可根据现场情况调整,但不应大于表 12-1 中的规定数值,同时应满足国家相关规范。

表 12-1　支、吊架水平安装间距

| 公称直径/mm | 15 | 20 | 25 | 32 | 40 | 50 | 70 |
|---|---|---|---|---|---|---|---|
| 保温管支架的最大间距/m | 1.5 | 2.0 | 2.5 | 2.5 | 3.0 | 3.5 | 4.0 |
| 非保温管支架的最大间距/m | 2.5 | 3.0 | 3.5 | 4.0 | 4.5 | 5.0 | 6.0 |
| 公称直径/mm | 80 | 100 | 125 | 150 | 200 | 250 | ≥300 |
| 保温管支架的最大间距/m | 5.0 | 5.0 | 5.5 | 6.5 | 7.5 | 8.5 | 9.5 |
| 非保温管支架的最大间距/m | 6.5 | 6.5 | 7.5 | 7.5 | 9.0 | 9.5 | 10.5 |

（7）支、吊架与其他专业管道共杆时应满足消防要求，并应核算吊杆、横担受力。

（8）机房内总管、干管的支、吊架，应采用承重防晃管架；当水平支管管架采用单杆吊架时，应在管道起始点、阀门、三通、弯头及长度每隔 15 m 处设置承重防晃支、吊架。

（9）管道支、吊架必须设于保温层外部，且保温水管不可直接搁在吊支托架上，保冷水管与支、吊架之间应有绝热衬垫，其厚度不小于绝热层厚度，宽度应大于支、吊架支承面宽度。

（10）设有补偿器的管道应设置固定支架及导向支架，且固定支架应在补偿器的预拉伸（或预压缩）前固定；导向支架的设置应符合所安装产品技术文件的要求。

## 12.2.3　管道安装

（1）管道和管件在安装前必须将其内、外壁的污物及锈蚀清除干净，施工时严禁垃圾、杂物、焊渣等落入，安装停顿期间对管道开口应采取封闭保护措施。

（2）水系统应在系统冲洗、排污合格（目测：以排出口的水色和透明度与入水口对比相近，无可见杂物），再循环试运行 2 h 以上，且水质正常后才能与冷水机组、空调设备相贯通。

（3）管道与设备的连接应在设备安装完毕后进行，与水泵、冷水机组的接管必须为柔性接口，且能够在维修时方便拆除清洗，柔性短管不得强行对口连接，与其连接的管道应设置独立支架，支架应采用隔振型支架以消除振动的传递。

（4）管道与设备、阀门、软接头等处采用法兰连接。

（5）法兰密封垫采用厚度不小于 3 mm 的耐热橡胶板。

（6）可曲挠橡胶软接头要求配置限位装置。

（7）空调水管尽量利用弯头作自然补偿，若无法满足要求时设置波纹补偿器。

（8）空调冷水水平管一般平行于结构板面敷设，不考虑坡度。

（9）冷水管道穿越人防段时由土建施工单位在人防门梁上预埋人防密闭套管，人防门内侧安装防护闸阀；冷水管道穿越墙体或楼板处应设钢制套管，其保温层不应间断，套管应考虑保温层厚度，套管应与墙体装饰面及楼板底部平齐，上部应高出楼板装修完成面 50 mm，并不得将套管作为管道支撑。管道接头处不得置于套管内，保温管道与套管四周间隙应使用不燃绝热材料填塞紧密。

（10）所有穿越不同防火分区的空调水管均应在穿越楼板及墙体处采用防火填缝材料封堵，封堵材料的耐火等级应与所在部位楼板及墙体的耐火等级相同。

（11）所有组合式空调机组和空气处理机组应做水封，水封高度应满足设备要求。空调器冷凝水管必须保温且顺坡就近接入地漏或排水沟，冷凝排水管应保证有不少于 0.01 坡度坡向地漏或水沟。

（12）为方便膨胀水箱检修及更换，在紧邻膨胀水箱膨胀水管上设置活接；膨胀管连接膨胀水箱处，管口应高出箱底 100 mm，以防止污垢进入膨胀管。

（13）水系统安装完毕，外观检查合格后，未保温前应进行水压试验。试验压力按照《通风与空调工程施工质量验收规范》（GB 50243—2016）的相关规定进行，且最低不小于 0.6 MPa。系统试压时，压力试验升至试验压力后，稳压 10 min，压力下降不得大于 0.02 MPa，再将系统压力降至工作压力后，不渗不漏为合格。试压时不可将设备接入管网。要保护好各种仪表、设备，不应试压而受损坏，水压试验合格后，方可进行水管保温。

（14）所有水管安装不得影响其他设备检修门、检修口的开启及设备的正常检修及操作空间。

（15）颜色及标识要求：空调水管应在管道上喷涂标识色/色环、标识文字及标识流向箭头，文字和箭头应与管径大小相匹配；字体采用黑体，字高根据管道大小现场确认，具体大小可参考表 12-2，色环、箭头、标识文字间距 10 m，标识的场所应包括管道起点、终点、交叉处、转弯处、阀门和穿墙孔两侧等管道上需要标识的部位。

表 12-2　管道外径及字体高度

| 管道外径/mm | 20~50 | 60~100 | 110~160 | 200~300 |
|---|---|---|---|---|
| 字体高度/mm | 30 | 50 | 70 | 100 |

冷水机房外冷却水管、空调冷水管、空调膨胀水管、空调冷凝水管喷涂宽 150 mm 色环、标识文字及流向箭头，色环颜色、标识文字颜色内容等。具体要求见表 12-3。

表 12-3　冷水机房外相关参数要求

| 管道类别 | 识别色环 | 国际色号 | 喷字内容 | 喷字颜色 |
|---|---|---|---|---|
| 冷却水管 | 绿色 | G03（艳绿） | 冷却水管 | G03（艳绿） |
| 空调冷水管 | 绿色 | G03（艳绿） | 冷水管 | G03（艳绿） |
| 空调凝结水管 | 淡蓝 | PB06（淡蓝） | 凝结水管 | PB06（淡蓝） |
| 空调膨胀水管 | 绿色 | G03（艳绿） | 膨胀补水管 | G03（艳绿） |

冷水机房内管道标识色、喷字内容、喷字颜色等具体要求见表 12-4。

表 12-4　冷水机房内相关参数要求

| 管道类别 | 管道颜色 | 国际色号<br>（GSB 05-1426-2001） | 喷字内容 | 喷字颜色 |
|---|---|---|---|---|
| 冷却供水管 | 淡黄色 | Y06（淡黄） | 冷却供水管 | 白色 |
| 冷却回水管 | 深黄色 | Y08（深黄） | 冷却回水管 | 白色 |
| 空调冷冻供水管 | 淡蓝 | PB06（淡蓝） | 冷冻供水管 | 白色 |
| 空调冷冻回水管 | 绿色 | G03（艳绿） | 冷冻回水管 | 白色 |
| 膨胀水管 | 绿色 | G03（艳绿） | 膨胀补水管 | 白色 |

## 12.2.4　阀门等管道附件安装要求

（1）阀门、过滤器等各类管道附件在安装前必须进行外观检查，铭牌标注应清晰、完整且符合现行国家标准。

（2）阀门的安装位置、高度、进出口方向应符合产品及设计要求，连接应牢固紧密。安装在保温管道上的各类手动阀门、手柄均不得向下。电动、气动等自控阀门在安装前应进行单体的调试，包括开启、关闭等动作试验。阀门安装应注意预留检修空间，阀门的手柄及电动、启动执行机构应便于操作及检修。

（3）水系统的过滤器应安装在进设备前的管道上，方向正确且便于清污；与管道连接牢固、严密，其安装位置应便于滤网的拆装和清洗。

（4）对于工作压力大于 1.0 MPa 及在主管上起到切断作用的阀门，应进行强度试验和严密性试验，合格后方准使用，其他阀门可不单独进行试验，待在系统试压中检验。强度试验和严密性试验方法及要求根据国家规范《通风与空调工程施工质量验收规范》（GB 50243—2016）执行。

（5）冷水系统应在干管最高处及各管路局部抬高处设置带截止阀的 DN25 自动排气阀（施工过程中如由于各种原因引起管线升高、降低时应相应增设）。冷水、冷却水系统应在系统最低点设 DN50 泄水阀，在局部下弯处配置不小于 DN25 的泄水管及相同管径闸阀，泄水阀排水应就近接入排水侧沟或地漏，且应避免设于吊顶内。

（6）空调器末端供、回水管处设置的阀门，当水管管径小于 DN50 时采用截止阀，当水管管径大于等于 DN50 时采用蝶阀。

（7）水管穿越结构变形缝时需设置与管道承压能力相同的金属软管。

## 12.2.5　防腐

（1）所有金属支、吊架、水管及附件均应采取防腐蚀措施，所有金属管道与支、吊架之间均应设置防止电化学腐蚀的措施，管道与支、吊架之间不可直接接触，非保温管道应在支、吊架管卡与管道之间设 5 mm 厚绝缘橡胶垫。

（2）所有支吊架、水管等镀锌层破坏处采用涂刷环氧煤沥青漆进行防腐。

(3)所有明装的镀锌管道,支、吊架均应刷 2 道银粉漆。

(4)非镀锌的空调水管及支、吊架在除锈后应按如下要求进行防腐油漆处理:非保温水管分别刷底涂 3 遍铁红酚醛底漆,面涂 2 遍酚醛防火漆;保温水管涂 3 遍铁红酚醛底漆。

(5)室外埋地钢管需要采取防腐措施,防腐做法按《建筑给水排水及采暖工程施工质量验收规范》(GB 50242—2002)第 9.2.6 条文中加强防腐层执行。

## 12.2.6 保温

(1)除水泵电动机、冷水机组外空调冷水供/回水管,集水器,分水器,空调凝结水管,膨胀水管,膨胀水箱及管道上所有附件(包括各种阀门、压力表、温度计、过滤器、补偿器、金属软接、水处理器等)均应采取保冷措施。

(2)冷水供/回水管、冷却水供/回水管、冷凝水管、膨胀水管保温外表面采用闭孔橡塑保温材料作保温材料,管壳外贴双层带筋铝箔或特强防潮防腐贴面,外包铝薄板(厚度为 0.5 mm)加以保护;保温层厚度:冷凝水管按 25 mm,膨胀水管按 50 mm;冷水管:DN< 100 mm 按 40 mm、DN100~200 mm 按 50 mm、DN>200 mm 按 60 mm。空调水管保温结构层从里到外依次是冷水管、保冷层(闭孔橡塑保温材料 40 mm 厚、镀锌钢丝捆扎)、防潮层(沥青玻璃布油毡或 CPU 卷材、塑料绳捆扎)、金属保护层(镀锌薄钢板、铝合金板或不锈钢板、厚度 0.5 mm)

(3)集水器、分水器及其他配件采用闭孔橡塑保温材料保温,外贴双层带筋铝箔或特强防潮防腐贴面,包扎材料 $\gamma = 64$ kg/m$^3$、$\delta = 70$ mm。

(4)室外膨胀水箱箱体用 $\delta = 80$ mm 的聚氨酯硬质发泡材料保温,外包铝薄板(厚度为 0.5 mm)的保护层。

(5)空调水系统管道绝热工程的施工应在管路系统强度与严密性试验合格和防腐处理结束后进行。

(6)在外包保温管壳时,均应将管道上的凝结水擦干净。管道阀门、过滤器及法兰等部位的保温结构应能单独拆卸。

# 12.3 风管系统安装要求

## 12.3.1 风管管材

### 12.3.1.1 普通风管

机械通风风管、通风空调机房内的风管(除排烟风管外)及风箱厚度小于 1.6 mm 时采用镀锌钢板,厚度大于 1.6 mm 时采用碳素钢板。

### 12.3.1.2 防火风管

风管耐火极限要求如下:

(1)机械加压送风管道:机械加压送风管道的耐火极限为 1.00 h,设置在专用管道井内的竖向加压送风管道无耐火极限要求。

（2）排烟管道：机房内排烟管道耐火极限不低于 0.50 h；设置在竖向管道井内排烟管道耐火极限不低于 0.50 h；通风空调机房外排烟管道耐火极限为 1.00 h；排烟管道穿越楼梯间及前室时，管道耐火极限为 2.00 h。

（3）机械补风管道：补风管道耐火极限不低于 0.50 h；当补风管道跨越防火分区时，管道的耐火极限为 1.50 h。

（4）风管穿过防火隔墙、楼板和防火墙时，穿越处风管上的防火阀、排烟防火阀两侧各 2.0 m 范围内的风管耐火极限不应低于该防火分隔体的耐火极限。

当普通风管与防火风管制作要求冲突时，应满足高标准要求，即管材在满足防火风管需求的同时，风管保温也应同时满足通风、空调及防火要求。对于风管耐火极限的判定应按照现行国家标准《通风管道耐火试验方法》（GB/T 17428—2009）的测试方法，当耐火完整性和隔热性同时达到时，方能视作符合要求。并提供国家权威检测部门出具的风管整体耐火极限检验报告。用于本工程的全部材料和加工工艺应与送检样品完全一致。

## 12.3.2　风管制作

（1）钢板风管所使用的板材表面应平整光滑，厚度均匀，不得有裂纹结疤等缺陷。镀锌钢板应选用镀层质量为 235~385 g/m² 的热镀锌钢板，钢板表面不得有镀锌层脱落、锈蚀及划伤等缺陷。钢板或镀锌钢板风管的板材厚度在设计中有说明的以设计为准，没有说明的不应小于表 12-5 规定的厚度。

表 12-5　钢板厚度　　　　　　　　　　　　　　　　　单位：mm

| 项目 | 风管边长尺寸 b/mm | | | | | |
|---|---|---|---|---|---|---|
| | b≤320 | 320<b≤450 | 450<b≤1 000 | 1 000<b≤1 500 | 1 500<b≤2 000 | 2 000<b≤4 000 |
| 通风、空调风管 | 0.5 | 0.6 | 0.75 | 1.0 | 1.2 | 1.2 |
| 排烟风管 | 1.0 | 1.0 | 1.5 | 1.5 | 2.0 | 2.5 |

附注：如空调或通风风管兼排烟风管，则风管厚度应按照排烟风管要求执行。螺栓及垫片应作热镀锌防腐处理，镀层厚度及质量应符合《金属覆盖层 钢铁制件热浸镀锌层技术要求及实验方法》（GB/T 13912—2002）的相关要求。

（2）镀锌钢板及含有复合保护层的板材拼接应采用咬口连接或铆接，不得采用影响其保护层防腐性能的焊接连接方法。风管板材拼接的咬口缝应错开，不得有十字形拼接缝。

（3）冷轧钢板、碳素钢板风管应采用焊接方式拼接，焊接风管可根据现场情况采用搭接、交接、对接，风管焊接前应除锈、除油。焊缝应融合良好、平整，表面不应有裂纹、焊瘤、穿透的夹渣和气孔等缺陷，焊后的板材变形应矫正，焊渣及飞溅物应清除干净。

（4）金属风管与角钢法兰应采用铆钉铆接，其施工工艺应符合《通风管道技术规程》（JGJ/T 141—2017）第 3.2.2 条的规定。法兰间连接螺栓及垫片应作热镀锌防腐处理，镀层厚度及质量应符合《金属覆盖层　钢铁制件热浸镀锌层技术要求及实验方法》(GB/T 13912—2002)的相关要求。

(5)金属风管用法兰材料及螺栓规格在满足国家规范的前提下,不应低于表12-6的规定。通风、空调送回风管法兰的螺栓及铆钉孔的孔距不得大于150 mm;排烟系统风管不得大于100 mm。矩形风管法兰的四角部位应设有螺孔。同一批同一规格的法兰应具有互换性。

表12-6　金属风管用法兰材料及螺栓规格

| 矩形风管长边尺寸 $b$/mm | $b \leqslant 630$ | $630 < b \leqslant 1\,250$ | $1\,250 < b \leqslant 1\,600$ | $1\,600 < b$ |
|---|---|---|---|---|
| 法兰材料规格(镀锌角钢) | ∟25×3 | ∟30×4 | ∟40×4 | ∟50×5 |
| 螺栓规格 | M6 | M8 | M8 | M10 |

(6)为避免金属矩形风管变形和减少系统运转时管壁振动而产生噪声,对于非保温风管和风箱边长超过630 mm、保温风管和风箱边长大于800 mm,管段长度大于1 250 mm或风管单边平面面积大于1.0 m² 时,均应采取加固措施。风管的加固可采用楞筋、立筋、角钢、扁钢、加固筋和管内支撑等形式,具体制作方法及要求应满足《通风管道技术规程》(JGJ/T 141—2017)中第3.2.7条的相关规定。

(7)风管板材的切割、弯制等工序应使用专用工具,切口、弯角应平整。风管管板在组合成风管前应清除油渍、水渍、灰尘。复合风管采用四片组合90°下料方式,四角包边应采用抽芯铆钉锚固,风管法兰外侧抽芯铆钉间距不大于200 mm、内侧不大于120 mm;风管每个法兰角铆接点不应少于2个。

(8)风管及法兰制作的允许偏差应满足《通风管道技术规程》(JGJ/T 141—2017)第3.1.8条的规定。

(9)风管配件。

①所有风管及配件均按《全国通用通风管道配件图表》制作,设计图中未标出测量孔位置,承包商应根据系统运行调试要求在适当部位配置测量孔,测量孔应设置在不产生涡流区且便于测量和观察的部位,吊顶内风管测量孔的部位应与装修配合留有活动吊顶板或检查门。

②通风空调系统中的弯管、三通、四通、异径管和法兰所用材料规格、板材厚度及连接方式与风管制作相同。

③除特殊标注外,所有90°弯头,当风管长边尺寸小于630 mm 时,弯头应制为内外同心弧型弯管,弯管内弧曲率半径 $R=200$ mm;当风管长边尺寸大于630 mm 时应设为内弧($R=200$ mm)外直角加导流片型式,导流片制作按照《通风管道技术规程》(JGJ/T 141—2017)中"图3.11.2-2"及"表3.11.2-2"执行;变风量末端装置前弯头应设为内外同心弧加导流片形式,弯管内弧曲率半径 $R=200$ mm。

④三通、四通管道弯头应设为内外弧形弯头,弯管内弧曲率半径 $R=200$ mm。当风管长边尺寸大于500 mm,且内弧半径与弯管平面边长之比小于或等于0.25时应设置导流叶片。变风量末端装置前所有三通、四通管道弯头应设置导流叶片。导流片制作按照

《通风管道技术规程》(JGJ/T 141—2017)中"图 3.11.2-1"及"表 3.11.2-1"执行。

⑤导流叶片应采用厚度为不小于 1.0 mm,镀层质量为 235~385 g/m² 的镀锌钢板制作。导流叶片迎风侧边缘应圆滑,固定牢固,导流片的弧度应与弯管的角度相一致,当导流片长度超过 1 000 mm 时,应设置加强措施。

⑥非 90°弯头应设为内外弧形弯头。变风量末端装置前所有非 90°弯头应设置导流叶片。导流片制作按照《通风管道技术规程》(JGJ/T 141—2017)中"图 3.11.2-1"及"表 3.11.2-1"执行。

⑦弧形弯头法兰不得套在圆弧上。

⑧变径管单面变径的夹角应小于 30°,双面变径的夹角应小于 60°。

(10)用于事故通风及机械防排烟系统的风管及其连接件应保证在 280 ℃时能连续有效工作 1 h。

(11)各类风道、风管必须通过工艺性的检测或验证,在安装完毕后,应按系统类别进行强度和严密性检验,强度和漏风量要求应按《通风与空调工程施工质量验收规范》(GB 50243—2016)第 4.2.5 条执行,其严密性检验还应符合第 6.2.8 条的规定。

## 12.3.3　风管及其附件的安装

(1)风管安装前应对风管位置、标高、走向进行技术复核,且符合设计要求。应核查建筑结构的预留孔洞位置是否正确,孔洞应大于风管外边尺寸 100 mm 或以上。安装之前应对风管外观进行质量检查,并清除其内外表面粉尘及管内杂物。安装中途停顿时,应将风管端口封闭。

(2)风管接口不得安装在墙内或楼板中,风管沿墙体或楼板安装时,距离墙面、楼板距离应符合设计规定,设计未作规定时不应小于 200 mm。

(3)风管内部不得敷设各种管道、电线或电缆。风管底部不应设置拼接缝。

(4)钢板风管穿越防火分区、防火分隔(如各类风室、各类风道、楼梯间、风机房及设有防火门、密闭门的房间隔墙)的墙体及楼板时,应预埋管或防护套管其钢板厚度不应小于 2.0 mm;风管与防护套管之间应采用不燃且对人体无害的柔性材料封堵,封堵材料的耐火等级应与风管所穿墙体一致。具体做法参照国标图集 07K103-2 第 69~71 页。

(5)风管穿越高噪声的机房时,其通过墙壁或悬吊于楼板下的风管以及风管支架应做隔声处理。

(6)风管与土建风道、风室的连接接口,应顺气流风向插入,并应采取密封措施。

(7)风管与风机、空调器等设备的连接处应设置非金属材料制作的柔性短管,长度宜为 150~300 mm。风管穿越结构变形缝处应设置柔性短管,其长度应大于变形缝宽度 100 mm 以上,且不应小于 300 mm、不应大于 1 000 mm。柔性短管制作材料及胶黏剂应选用防潮、防腐、防蛀、不透气、耐霉变、耐老化和无毒的材料。柔性短管制作材料及胶黏剂的燃烧性能应为 A 级不燃。胶黏剂的化学性能应与所黏接材料一致。柔性短管不应作为找正、找平的异径连接管;柔性风管与设备连接时应采用厚度不小于 0.5 mm、宽度不小于 50 mm 的镀锌钢板抱箍将风管与法兰紧固。柔性风管安装后,应能充分伸展,伸展度不应小于 60%。专用防排烟风机与风管采用直接连接,不设置柔性短管;用于防、排烟系统的柔性短管应能保证在 280 ℃时连续有效工作 1 h。

（8）风管的连接应平直、不扭曲。明装风管水平安装，水平度的允许偏差为 3/1 000，总偏差不应大于 20 mm；明装风管垂直安装，垂直度的允许偏差为 2/1 000，总偏差不应大于 20 mm；暗装风管的位置应正确、无明显偏差。

（9）风管连接的密封材料应对风管材质无不良影响，并具有良好的气密性，风管法兰垫片应采用 5 mm 厚耐热橡胶板，其燃烧性能不应低于难燃 B 级。用于防、排烟系统管道上的法兰垫片应能保证在 280 ℃时连续有效使用 1 h。法兰垫片应尽量减少拼接，接头连接应采用梯形或者榫性方式，密封垫料不应凸入风管内部。

（10）连接法兰的螺栓应均匀拧紧，其螺母应在同一侧。

（11）所有穿越墙及楼板的管道敷设后，其孔洞周围采用与墙体耐火等级相同的不燃材料密封。穿楼板的孔洞应采取防止孔洞渗水的措施。

（12）风管支、吊架。

①施工单位根据现场管道布置情况按照国标图及规范的要求选用风管安装的支、吊架形式，但应满足表 12-7 的要求。

表 12-7

| 矩形风管长边尺寸 b/mm | | b≤400 | 400< b≤630 | 630< b≤1 000 | 1 000< b≤1 600 | 1 600< b≤2 000 | 2 000< b≤2 500 | 2 500<b |
|---|---|---|---|---|---|---|---|---|
| 支吊架间距/mm | 水平 | 3 600 | 3 000 | 3 000 | 3 000 | 3 000 | 2 500 | |
| | 垂直 | 2 400 mm，单根直管至少应有 2 个固定点 | | | | | | |
| 吊杆 | | φ8 | φ8 | φ8 | φ8 | φ10 | φ12 | φ14 |
| 横担 | | ∟25×3 | ∟25×3 | ∟30×4 | ∟40×4 | ∟50×5 | ∟60×5 | |

②当水平悬吊的风管长度超过 20 m 时，应设置防止摆动的固定点，固定点之间的距离不应超过 20 m，每个系统不少于 1 个。风管支、吊架不得设置在风口、风阀、测定孔、检测门等处，离风口或插接管的距离不应小于 200 mm。吊架不得直接吊在法兰上。风管末端的支、吊架距风管端部的距离不应大于 400 mm。排烟风管支、吊架必须单独设置。

③防排烟风道、事故通风风道及相关设备应采用抗震支、吊架，重量大于 1.8 kN 的暖通设备吊装时，采用抗震支、吊架。

④抗震支、吊架产品需经国家认证，具体深化设计由专业公司完成，抗震支吊架的间距根据现场实际情况在深化阶段确定，但最大间距不得超过《建筑机电工程抗震设计规范》（GB 50981—2014）中第 8.2.3 条规定。组成抗震支、吊架的所有构件应采用成品构件，连接紧固件的构造应便于安装。所有产品需满足《建筑机电设备抗震支吊架通用技术条件》（CJ/T 476—2015）的相关技术要求。

（13）风口。

①本工程所有风口均选用铝合金风口，具体规格及数量详见图纸及工程数量表，风口位置及规格应根据设计图纸要求进行安装。

②风管进行定位开口安装风口前,应将风口安装位置与现场设备布置情况及吊顶设置情况进行核对。设备用房应避免将风口安装在电气设备正上方,有吊顶的设备管理用房及走道的风口布置应与装修进行配合,以确定合理的风口位置及标高。

③风口与风管采用自攻螺丝连接,连接应紧密、牢固。有封闭吊顶的应与吊顶下装饰面相紧贴,风口与主风管之间采用风管短管连接,连接风管尺寸与风口尺寸一致;无吊顶或设置镂空率超过 70% 的镂空吊顶的同一厅室、房间内相同类型风口的安装高度应一致,排列应整齐。风口布置应横平竖直,同轴线、同水平或垂直面的连续 3 个以上的风口,其中心线与轴线的允许偏差为 10 mm。

④所有送、排风口应自带调节阀,对有调节和转动装置的风口,安装完成后应转动灵活;对同类型风口应对称布置;同方向风口调节装置置于同一侧。安装防火风口时,应同时满足风口和防火阀的要求。

(14)阀门。

①防火阀、多叶阀、组合阀在安装前应将产品与设计要求进行核对,核对内容应包括阀门外观、操作装置、电动执行机构、尺寸、安装方式、左右式、法兰形式等是否满足设计及国标要求。

②阀门的信号装置,调节机构及执行机构处,应留有操作和维护空间,阀下部吊顶应设活动吊顶板或检查口。各类阀门均不应设置在电气设备上方,同时应注意阀门安装位置尽量避开下方有管线处,以免遮挡阀门影响检修。

③防火阀应按图示位置设置,离墙表面距离不得大于 200 mm,并设置独立的支、吊架。同时为方便检修,不应安装在各类电气设备的上方。安装防火阀时,应严格按有关规程及厂家的产品安装指南进行,其气流方向必须与阀体上标志箭头方向一致。

④变风量末端装置的变风量箱体、电控箱处应留有操作和维护空间,变风量末端装置下部吊顶应设活动吊顶板或检查口。变风量末端装置均不应设置在电气设备上方,同时应注意变风量末端装置安装位置尽量避开下方有管线处,以免遮挡变风量末端装置影响检修。变风量末端装置箱体上装有吊耳,应设置独立的吊架。安装变风量末端装置时,应严格按有关规程及厂家的产品安装指南进行,其气流方向必须与装置上标志箭头方向一致。

## 12.3.4　风管防腐

(1)所有金属支、吊架采用不锈钢材质,风管及附件均应采取防腐蚀措施。

(2)通风空调工程的所有紧固螺栓应选用热浸镀锌防腐,镀层厚度及质量应符合《金属覆盖层 钢铁制件热浸镀锌层技术要求及实验方法》(GB/T 13912—2002)的相关要求。

(3)所有金属管道与支、吊架之间均应设置防止电化学腐蚀的措施,管道与支、吊架之间不可直接接触,非保温管道应在支、吊架管卡与管道之间设 5 mm 厚绝缘橡胶垫。

(4)所有金属支吊架、法兰及风管等镀锌层破坏处采用涂刷环氧煤沥青漆进行防腐。

(5)冷轧钢板、碳素钢板风管及其支吊架、法兰应刷防腐涂料进行防腐。不保温风管内表面涂两遍铁红酚醛底漆,外表面涂两遍铁红酚醛底漆、涂两遍酚醛防火漆。保温风管应在保温前内、外表面各涂防锈底漆两遍。支、吊架及风管法兰防腐处理与风管一致。

（6）涂底漆前,必须清除表面的灰尘、污垢、锈斑及焊渣等物。

### 12.3.5　风管保温及隔热

（1）除空调器、风机、风口外,空调风管及空调风系统的所有附件(包括消声器、软接头、天圆地方、风阀、变风量末端装置等)均应采取保冷措施。

（2）需保温的钢板风管采用 A 级不燃离心玻璃棉板［保温材料密度为 48 kg/m³,导热系数≤0.033 W/(m·℃)(平均温度 25 ℃)］进行保冷。穿越空调房间的空调风管保温厚度 $\delta = 40$ mm;穿越非空调房间的空调风管保温厚度 $\delta = 50$ mm;温度较低的排风管穿越非空调房间时保温厚度 $\delta = 25$ mm;温度较高的通风管穿越空调房间时保温厚度 $\delta = 30$ mm。另外,所有离心玻璃棉外贴双层带筋铝箔或特强防潮防腐贴面。

（3）排烟风管隔热应采用 $\delta = 40$ mm 离心玻璃棉板。

（4）矩形风管及设备保温钉应均布,其数量底面不应少于 16 个/m²,侧面不应少于 10 个/m²,顶面不应少于 8 个/m²,首行保温钉距风管或保温材料边沿距离应小于 120 mm。保温钉在黏接前应清除黏接处钢板表面油污和灰尘,黏接剂使用前应做黏接实验,确保黏接的可靠性。

（5）保温材料的拼缝处接口采用铝箔胶带粘封,在粘封前应先将接口处的油污或灰尘除净,以免脱落失效。

（6）变风量末端装置应与风管一起外保温,保温施工时电控箱应露出,不得包在保温层内。

# 12.4　施工注意事项

（1）各种设备安装顺序应尽量按先大型后小型、先设备后材料管道的原则进行。

（2）承包商在各种管线(包括风、水、电、通信、信号等)安装之前,应先参照综合管线图纸对安装顺序进行安排,以免反复拆装影响工程质量。安装过程中,应依据各专业施工布置详图进行安装,按避让原则处理各专业管道的干扰、碰撞问题。同时需注意各种管线支、吊架共架的考虑。

（3）所有与设备连接的软接头,包括风机软接头、橡胶软接头、与设备连接的伸缩器等,均应就近采用固定支、吊托架紧固,防止移位,做法参照国标图集(13K115)。水系统伸缩节应在一端设固定支架,另一端设滑动支架,以充分利用其伸缩性。

（4）设备及管路安装定位后应进行外观检查及设备单机试运转,必须满足设计要求。

（5）百叶有效面积系数按 0.70 计。

（6）所有风、水管跨变形缝处均需加装相应管径的金属软管或软接。凡用于空调送回风的软接均要求外包 40 mm 离心玻璃棉保温。

（7）所有空调系统送风箱及回风箱均需设置离心玻璃棉保温,保温厚度均为 40 mm,风管接入风箱时应考虑设置 200 mm 长的喇叭口 45°斜接。

（8）风机盘管温控面板至风机盘管、电动二通阀接线及配管由机电安装单位完成。

（9）风管系统的主干支管上设置风管测定孔、风管检查门与风管清洗孔,风管测定孔位置与前、后局部配件间距离分别不小于 4D 与 1.5D(D 为矩形风管的当量直径),大系统检查门具体位置详见图纸标示及说明,小系统检查门采用不小于 300 mm×250 mm 的风口作为检查门。检查门形式可参照国标图集(O6K131、19 页)执行。

(10)通风机传动装置的外漏部位以及直通大气的进、出风口,必须装设防护罩(网),材质为不锈钢 304。

(11)本工程使用的消防设施均应有相关消防检查报告,满足现行国家相关规范及标准。

(12)本说明中内容如与图纸说明内容矛盾,以图纸说明为准。

(13)凡以上未说明之处,如管道支吊架间距、管道焊接、管道装楼板的防水做法、风管加固及法兰配用等,均应按照《通风与空调工程施工质量验收规范》(GB 50243—2016)、《制冷设备、空气分离设备安装工程施工及验收规范》(GB 50274—2010)、《机械设备安装工程施工及验收通用规范》(GB 50231—2009)及《风机、压缩机、泵安装工程施工及验收规范》(GB 50275—2010)等相关规范的有关章节执行。

# 12.5　其他需要说明的问题

(1)空调机组分左式和右式两种:人面向操作面,气流向左即为左式;气流向右即为右式。操作面规定如下:表冷器进、出水管一侧;泄水管一侧;板式过滤器拆卸一侧;检修门一侧。

(2)风机的左右式判断:左式是指从风机叶轮端看风机,接线盒在左侧,为左式;右式是指从风机叶轮端看风机,接线盒在右侧,为右式。

(3)冷水机分左式和右式两种:人面对机组控制柜,接管在左侧为左式,接管在右侧为右式。

(4)具体定义为沿气流方向看(面向风阀进风端)风阀,接线盒在左侧为左式,接线盒在右侧为右式。

(5)变风量末端装置左右式具体定义为延气流方向看(面向装置进风端)装置,电控箱在左侧为左式,电控箱在右侧为右式。

# 第 13 章　某抽水蓄能电站深埋地下厂房通风与环境控制研究及设计

某抽水蓄能电站总装机容量 2 100 MW,安装 6 台单机容量 350 MW 的单级混流可逆式水泵水轮机组,在电网中主要承担调峰、填谷、储能等任务,同时也具有调频、调相及紧急事故备用、黑启动等功能。

电站地下厂房由主厂房、母线洞、主变洞 3 个地下洞室组成。主厂房分为 4 层,从上到下分别为发电机层、母线层、水轮机层、蜗壳层。继保室楼和 GIS 室设置在室外。

# 13.1　设计依据

## 13.1.1　室外空气计算参数

该抽水蓄能电站地处我国华北山区,属温带大陆性季风型气候,根据水文气象资料,并结合相近城市气象资料和《水力发电厂供暖通风与空气调节设计规范》(NB/T 35040—2014)中的相关规定,考虑海拔修正后综合确定该电站通风空调系统设计的室外空气计算参数如下:

(1)夏季通风室外计算温度:29.4 ℃。

(2)夏季空调室外计算干球温度:33.3 ℃。

(3)夏季空调室外计算湿球温度:26.0 ℃。

(4)夏季空调室外计算日平均温度:29.8 ℃。

(5)夏季通风室外计算相对湿度:61%。

(6)冬季通风室外计算温度:-1.3 ℃。

(7)冬季空调室外计算温度:-6.9 ℃。

(8)年平均温度:14.2 ℃。

## 13.1.2　室内空气设计参数

地下厂房设计标准按以下几个方面因素确定:

(1)符合《水力发电厂供暖通风与空气调节设计规范》(NB/T 35040—2014)的取值范围选用。

(2)参考和对照国内外一些水电站大型地下厂房的设计标准。

(3)地下厂房由于母线洞的发热量大,相应要求的通风量也大,母线洞唯一的送风来自重复利用主厂房的排风,为了尽可能减少母线洞的送风量,并达到母线洞要求的设计温度,故需要适当地降低主厂房的排风温度。

(4)结合该电站的环境条件及实际运行要求。

综上所述,确定该电站地下厂房各场所的室内空气设计参数,见表 13-1。

表 13-1　室内空气设计参数

| 生产区域 | 夏季 | | | 冬季 | | | 备注 |
|---|---|---|---|---|---|---|---|
| | 工作区温度/℃ | 相对湿度/% | 工作区风速/(m/s) | 正常运行时工作区温度/℃ | 停机或检修时工作区温度/℃ | 相对湿度/% | |
| 发电机层 | ≤28 | ≤75 | 0.2~0.8 | ≥10 | ≥5 | — | |
| 母线层 | ≤30 | ≤75 | 0.2~0.8 | ≥5 | ≥5 | — | |
| 水轮机层 | ≤28 | ≤75 | 0.2~0.8 | ≥8 | ≥5 | — | |
| 蜗壳层 | ≤28 | ≤75 | 不规定 | ≥5 | ≥5 | — | |
| 母线洞 | ≤34 | 不规定 | 不规定 | ≥5 | ≥5 | — | |
| 油罐、油处理室 | ≤30 | ≤80 | 不规定 | 10~12 | ≥5 | — | |
| 水泵房 | ≤30 | ≤80 | 不规定 | ≥5 | ≥5 | — | |
| 电气盘柜室 | ≤28 | — | 不规定 | ≥5 | ≥5 | — | |
| 继保室 | 25~28 | 45~70 | 不规定 | ≥5 | ≥5 | ≥40 | |
| 空压机室 | ≤33 | ≤75 | 不规定 | ≥12 | ≥12 | — | |
| 厂用变压器室 | ≤30 | ≤80 | 不规定 | ≥5 | ≥5 | — | |
| 蓄电池室 | 25~28 | ≤80 | 不规定 | ≥15 | ≥5 | ≥30 | |
| 电缆室 | ≤30 | ≤80 | 不规定 | ≥5 | ≥5 | — | |
| 电抗器室 | ≤35 | ≤80 | 不规定 | ≥5 | ≥5 | — | |
| 主变室 | ≤35 | — | 不规定 | ≥5 | ≥5 | — | |
| 值班、办公室 | 26 | ≤70 | ≤0.3 | 16~18 | ≥5 | — | |

# 13.2　厂内散热、散湿分析

## 13.2.1　厂内设备散热分析

由于地下厂房通风最不利季节为夏季最热月,因此通风空调设备容量按照最不利工况确定。根据室内夏季设计参数和电气设备型号规格,按照《水电站机电设计手册:采暖通风与空调》中的计算方法计算设备发热量。按照 6 台机满发计算设备发热量,见表 13-2。

**表 13-2　全厂设备散热量汇总**　　　　　单位:kW

| 散热部位 | | | 散热量 | 小计 | 合计 |
|---|---|---|---|---|---|
| 主厂房发电机层 | 发电机层 | 发电机机壳 | 104.6 | 344.5 | 451.7 |
| | | 发电机漏风 | 96.8 | | |
| | | 盘柜 | 92.4 | | |
| | | 照明 | 50.7 | | |
| | 副厂房 | 388.50 层　检修盘室 | 1.2 | 12.4 | |
| | | 保安盘室 | 1.6 | | |
| | | 照明盘室 | 3.2 | | |
| | | 公用盘室 | 6.4 | | |
| | | 392.80 层　办公室 | 4.9 | 33.8 | |
| | | 休息室 | 4.9 | | |
| | | 操作票室 | 3.9 | | |
| | | 控制室 | 10.8 | | |
| | | 办公室 | 9.3 | | |
| | | 397.30 层　工具间 | — | 30 | |
| | | 电缆夹层 | 30 | | |
| | | 401.80 层　蓄电池室一 | 8 | 31 | |
| | | 蓄电池室二 | 8 | | |
| | | 二次盘室 | 15 | | |
| | | 工具间 | — | | |
| 主厂房母线层 | 母线层 | 主母线 | 63.6 | 181.5 | 243.9 |
| | | 盘柜 | 15.1 | | |
| | | 机组干式变压器 | 42.7 | | |
| | | 中低压电缆 | 20 | | |
| | | 照明 | 40.1 | | |
| | 副厂房 | 382.00 层　检修变室 | 7.1 | 62.4 | |
| | | 保安变室 | 7.1 | | |
| | | 照明变室 | 10.2 | | |
| | | 公用变室 | 38.0 | | |
| | | 工具间 | — | | |

续表 13-2

| 散热部位 | | | | 散热量 | 小计 | 合计 |
|---|---|---|---|---|---|---|
| 主厂房水轮机层 | 水轮机层 | 盘柜 | | 26.8 | 66.9 | 108.9 |
| | | 照明 | | 40.1 | | |
| | 副厂房 | 375.50 层 | 机修间 | — | 42.0 | |
| | | | 冷冻机房 | 42.0 | | |
| 主厂房蜗壳层 | 蜗壳层 | 盘柜 | | 5.4 | 95.4 | 165.4 |
| | | 技术供水泵 | | 15×6 | | |
| | 副厂房 | 367.00 层 | 空压机室 | 70.0 | 70.0 | |
| 母线洞(6 条) | | 发电机断路器 | | 9.4 | 143.4×6 | 860.4 |
| | | 电制动断路器 | | 9.4 | | |
| | | 励磁变压器 | | 11.9 | | |
| | | 主母线 | | 94.4 | | |
| | | 启动母线 | | 14.3 | | |
| | | 照明 | | 4 | | |
| 主变洞 388.50 层 | 主变室(6 个) | 主变 | | 83 | 84.7×6 | 862.8 |
| | | 照明 | | 1.7 | | |
| | 高压厂用变室(3 个) | 高压厂用变 | | 32.9 | 40.8×3 | |
| | | 高压厂用变限流电抗器 | | 7.1 | | |
| | | 照明 | | 0.8 | | |
| | 10 kV 高压盘柜室(2 个) | 10 kV 高压盘柜 | | 12.6 | 13.9×2 | |
| | | 照明 | | 1.3 | | |
| | SFC 输入变、输出变室(各 2 个) | SFC 输入变 | | 50 | 102.2×2 | |
| | | SFC 输出变 | | 50 | | |
| | | 照明 | | 2.2 | | |
| 主变洞 396.50 层 | 电缆室 1 | 电缆 | | 6 | 9.2 | 237 |
| | | 照明 | | 3.2 | | |
| | 输出电抗器室(2 个) | 输出电抗器 | | 42.8 | 43.3×2 | |
| | | 照明 | | 0.5 | | |
| | 电抗器室(3 个) | 输入电抗器 | | 42.8 | 44×3 | |
| | | 照明 | | 1.2 | | |
| | 电缆室 2 | 电缆 | | 6 | 9.2 | |
| | | 照明 | | 3.2 | | |

续表 13-2

| 散热部位 | | | 散热量 | 小计 | 合计 |
|---|---|---|---|---|---|
| 主变洞400.00层 | 主变洞低压配电室 | 配电柜 | 14.8 | 16.3 | 240.6 |
| | | 照明 | 1.5 | | |
| | SFC 设备室（2 个） | SFC 设备 | 7.5 | 8.5×2 | |
| | | 照明 | 1 | | |
| | SFC 功率柜室（2 个） | SFC 功率柜 | 100 | 101.5×2 | |
| | | 照明 | 1.5 | | |
| | 主变洞二次盘柜室 | 配电柜 | 3.3 | 4.3 | |
| | | 照明 | 1 | | |
| 电缆出线洞 | | 高压电缆 | 104 | 104 | 104 |
| | | 照明 | — | | |
| 总计 | | | | | 3 274.7 |

## 13.2.2　围护结构传热分析

电站厂房围护结构为开挖洞室,传热量主要受洞内空气温度变化影响,其由两部分组成,一部分是在洞内空气年平均温度作用下的稳定传热量,另一部分是在洞内空气年波幅作用下的波动传热量。围护结构传热在电站初建阶段是个不稳定过程,随使用时间的增加逐渐趋于稳定,稳定期一般为 3~5 年,地下围护结构具有夏天吸热、冬季放热的效果,根据相关文献可知,围护结构吸放热占设备发热的 3%~5%,暂不计入围护结构传热,可将其作为设计富裕量。

## 13.2.3　厂内散湿分析

传湿问题是抽水蓄能电站厂房防潮除湿设计和运行的重要部分,厂房内湿度过大会给设备运行及工作人员健康带来严重危害。

地下厂房潮湿的原因有以下几个方面:

(1)岩体表面渗水。

(2)管路连接处漏水。

岩体表面渗水及管路连接处漏水会使得厂房地面积水,对电站整体造成负面影响,也对运行人员的安全造成严重威胁。另外,积水表面向空气中蒸发水分,空气相对湿度变大,使得空气露点温度升高,造成包括水机水管、设备在内的冷表面结露。

（3）室外空气本身潮湿未经过处理送到厂房内。

夏季室外空气温度高,含湿量大,未经热湿处理直接送入厂房,会造成厂房内相对湿度增高。

（4）水管表面及墙面(冷表面)结露。

结露现象是否会发生,取决于环境空气的露点温度是否高于冷表面的温度,只要环境空气的露点温度高于冷表面温度,空气中的水分子就会在冷表面凝结,出现结露现象。空气的露点温度与厂房内管道水温及墙壁温差越大,则冷表面的结露现象就越严重。露点温度低于冷表面的温度,结露的可能性就越小,也就意味着空气越干燥。

### 13.2.4　除湿措施

防渗水和漏水是防渗去潮的重要环节,因此应加强岩壁有序排水,查漏封堵,防止水管连接处漏水,地沟加盖板,减少水分的蒸发,及时清理地面积水,减少其蒸发量。

室外空气的高温高湿特点使其带入多余的水分进入厂房,因此必须对其进行除湿处理,进入厂房前利用空气处理机组的表冷段除湿处理,此过程能最大程度地将空气中多余的水分去除;经除湿处理后的空气在厂房底部潮湿区域吸收渗水、漏水蒸发的水蒸气,使含湿量增加,因此在水轮机层和蜗壳层设置了除湿机进行局部除湿,改善区域的空气状况。另外,在天气潮湿的情况下,进厂交通洞起雾现象较为严重,对行车安全也造成一定的影响,因此本电站除湿设计中将在交通洞安装一定数量的除湿机缓解这个问题。

虽然空气处理机组除湿能除去大量的水分,但在全新风系统中,设备运行能耗较高,由于全新风系统空气经过空气处理机组是一次性的,实际除湿效果一般。在高温高湿季节,减少新风量,采用回风运行,由于室内空气循环,不断地经过空气处理机组除湿,空气中的水分不断析出,大大减少了结露现象的发生。

基于上述,该电站设置回风运行工况,主厂房各层分散设置了柜式空气处理机组,在潮湿季节或高温高湿天气,拱顶的组合式空调机组减少新风量,开启主厂房各层设置的柜式空气处理机组,避免新风将过多的湿气带入厂房。同时,潮湿季节送风温度可适度降低,以充分利用空调设备的除湿功能。运行人员可根据天气情况提前对系统运行方式进行转换(全新风运行与回风运行的转换)。

## 13.3　新风经过交通洞的传热计算

根据交通洞、岩体及空气等参数对交通洞壁面进行结露判断,并计算交通洞末端空气温度,各参数及计算结果见表13-3。

由于抽水蓄能电站的运行方式,全厂满负荷工作时与室外最高、最低温度同时出现的概率比较小,加上洞室温升有延迟效应,因此取交通洞末端夏季、冬季空气参数分别为25.5 ℃和1.0 ℃进行全厂通风空调和采暖计算。

表 13-3  新风量经过交通洞的传热计算

| 项目 | 参数名称 | 参数值 |
|---|---|---|
| 交通洞 | 总长 $L$/m | 1 460.46 |
| | 断面面积 $F$/m$^2$ | 61.5 |
| | 断面周长 $S$/m | 29.76 |
| | 过风量 $G$/(kg/h) | 517 200 |
| | 过风速度 $v$/(m/s) | 1.81 |
| | 当量直径 $r_o$/m | 8.267 |
| 岩体 | 类型 | 石英砂 8.3%(容重 1 750 kg/m$^3$) |
| | 导温系数 $a$/(m$^2$/h) | 0.003 3 |
| | 导热系数 $\lambda$/[kcal/(m$^2$·h·℃)] | 1.4 |
| 空气 | 比热 $C$/[kcal/(kg·℃)] | 0.24 |
| | 温度年波幅频率 $\omega_y$ | 0.000 717 |
| | 温度日波幅频率 $\omega_r$ | 0.262 |
| | 夏季洞外最热月日平均温度 $t_{wp}$/℃ | 27.3 |
| | 洞外空气的露点温度 $t_{ld}$/℃ | 22.2 |
| | 年平均气温 $t_{wy}$/℃ | 12.99 |
| | 冬季洞外通风计算温度 $t_{wd}$/℃ | −1.33 |
| | 夏季洞外通风计算温度 $t_{wx}$/℃ | 30.43 |
| | 洞外空气温度年波幅 $\theta_1$/℃ | 14.315 |
| | 洞外空气温度日波幅 $\theta_2$/℃ | 3.131 1 |
| 壁面结露判断 | 开始结露截面距洞口的距离 $L_1$/m | 2 465 |
| | 结露判断 | 不结露 |
| 计算结果 | 夏季日平均温度变化值/℃ | 24.01 |
| | 夏季最高温度变化值/℃ | 24.74 |
| | 冬季日平均温度变化值/℃ | 2.00 |
| | 冬季最低温度变化值/℃ | 1.27 |

# 13.4　设计总体方案

## 13.4.1　全厂通风与空气调节的总体设计方案

水力发电厂厂房的通风空调系统,应做到经济合理、技术先进、符合工业卫生和环境保护要求,为机电设备安全运行,改善电厂运行环境条件和提高劳动生产效率提供必要的条件。

对于地下厂房,合理组织气流可以节约开挖,减少通风空调设备及土建工程量。主厂房对空气参数的要求高于母线洞和主变洞,主厂房冷负荷比母线洞和主变洞少,故最经济的气流组织是空气从主厂房向母线洞和主变洞流动,这样整个气流组织是串联式,全厂总送风量最少。

根据室外设计计算参数,以及规范对厂内不同区域的温湿度要求,主、副厂房采用空调全空气系统,母线洞采用机械通风加独立空调系统,主变洞采用机械通风加局部空调系统。

在该电站地下厂房通风空调系统设计中,对整个通风空调系统进行了划分。考虑到主厂房空气参数要求比母线洞高,主厂房风量可经母线洞排至厂外,故将主厂房和母线洞组成一个系统,即主厂房和母线洞通风空调系统;主变洞空气参数要求较低,单独从进厂交通洞引风,吸收余热余湿后排至洞外,单独成为一个系统,即主变洞通风空调系统;副厂房内主要为电气设备,且运行人员集中,对空气参数要求较高,独立成为一个系统,即副厂房通风空调系统。

空调冷源采用电制冷机组,冷冻水采用变流量一级泵(冷水机组定流量)闭式系统。冷却水来自技术供水总管,采用开式系统,排水排至机组尾水管。

地下厂房进、排风主要通道各有两条,进风主要通过进厂交通洞和通风兼安全洞到达各个洞室,排风则主要通过通风兼安全洞和出线竖井排出厂外。

各个洞室间气流互不干扰,地下厂房主要气流组织流向如下:

(1)主厂房和母线洞:洞室外→进厂交通洞(通风兼安全洞)→主厂房拱顶两侧空调机房→主厂房各层→母线洞→主变洞拱顶排风通道→通风兼安全洞→室外。

(2)副厂房:洞室外→通风兼安全洞→副厂房送风竖井→副厂房各层→副厂房排风竖井→通风兼安全洞→室外。

(3)主变洞:洞室外→进厂交通洞→主变搬运廊道→主变洞各层→主变洞拱顶排风通道→通风兼安全洞→室外。

(4)出线洞:洞室外→进厂交通洞→主变洞 GIS 廊道→出线洞→室外。

室外新鲜空气送入主厂房拱顶两端的空调机房内,组合式空调机组对新风进行过滤、冷却除湿处理后,经拱顶送风管均匀送至主厂房发电机层,通过上下游侧墙设置的风机,将处理后的新风以并联的方式送入主厂房各层,吸收各层热湿负荷后排至母线层,经母线洞排至主变洞拱顶排风道,最终经过通风兼安全洞排至洞外。此外,在母线洞内另设柜式空调器,当厂房内采用回风工况运行时,没有风量通过母线洞,柜式空调器可承担母线洞的全部冷负荷。为了满足各个洞室较高温湿度的要求,还在主厂房各层设置有除湿机。

主变洞从进厂交通洞引风,新风进入主变洞各个部位吸收热湿负荷后,经主变洞拱顶排风道及通风兼安全洞排至洞外。在温度较高的场所,另外设置有多联机空调系统,在湿度较高的场所,设置有除湿机,以保证各个场所的温湿度在设计范围内。

副厂房利用送风竖井从通风兼安全洞引风,利用排风竖井将排风排至通风兼安全洞。冬季(冷水机组不运行时)利用独立的送排风系统对副厂房各层区域进行降温和换气,人员较为集中的办公区域设置电散热器进行采暖;夏季利用柜式空调机组,对副厂房各层进行集中送风,并可间断开启送排风系统进行通风换气。

地面开关站、中控楼、上下水库管理用房以及业主综合楼从室外直接引新风,再通过风机(或自然排风)排出室外。在中控室、计算机室以及办公用房等设置分体式空调机组,满足室内温湿度要求。

主变室、电缆廊道、电缆夹层、油罐室及油处理室等场所平时通风系统兼事故后通风,确保火灾发生后切换为事故通风方式运行。事故后通风量的换气次数按不少于 6 次/h 考虑。

主厂房供暖系统主要利用机电设备散热,同时设置部分电辐射采暖器进行辅助手段。业主营地中控室、地面继保楼以及上下水库管理用房内办公室等人员经常停留的房间采用分体式空调器进行采暖。

地下厂房空气流程如图 13-1 所示。

## 13.4.2　地下厂房各个部位通风量

### 13.4.2.1　主厂房和母线洞通风空调系统

以夏季工况计算主厂房通风量,组合式空调机组进风参数取 25.5 ℃,空调送风参数取 19.5 ℃,见表 13-4。主厂房各层区域主要以设备发热为主,故通风量以排除余热进行计算,并利用母线洞发热量对通风量进行校核。

### 13.4.2.2　主变洞通风空调系统

以夏季工况计算主变洞通风量,主变洞内以电气设备发热量为主,故通风另以排除余热计算。此外,对电缆廊道等有事故通风要求的区域,按照 6 次/h 换气次数确定事故通风量;GIS 室的 $SF_6$ 气体排放按照正常运行和事故泄漏两种工况考虑,正常运行时,排风量按不小于 2 次/h 计算,排风口设于房间底部,事故泄漏时,排风量按不小于 4 次/h 确定,事故通风风机量切换由 $SF_6$ 气体泄漏报警装置自动控制;对于个别发热量大的房间,设置有多联机空调系统对其进行降温处理。主变风洞风量分配见表 13-5。

### 13.4.2.3　副厂房通风空调系统

以夏季工况计算副厂房通风量,对于发热设备较多的房间,按照排出余热量计算通风量,对于发热量较小的房间,以通风换气为主,通风量按照换气次数确定。此外,卫生间排风量按换气次数不小于 10 次/h 计算,满足卫生要求;蓄电池室,排风量大于进风量,风量按换气次数不小于 6 次/h 确定;油罐、油处理室,通风以排除室内有害气体为主,风量按换气次数不小于 6 次/h 确定。副厂房风量分配见表 13-6。

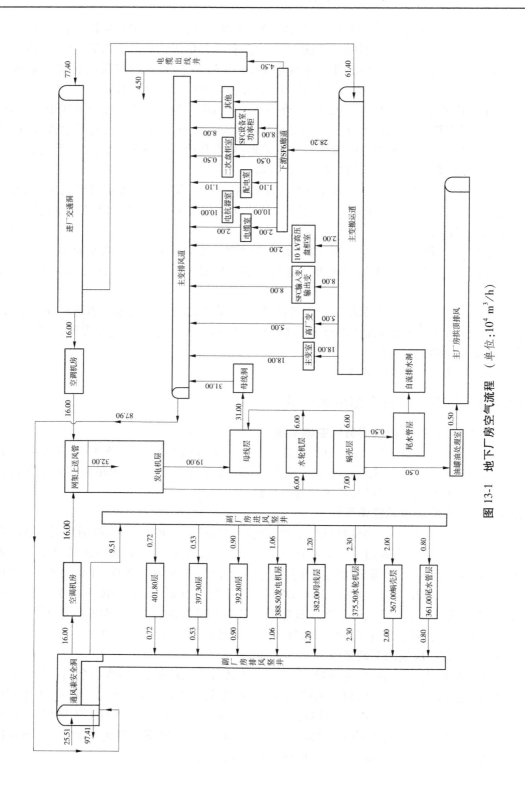

图 13-1　地下厂房空气流程（单位：$10^4$ m³/h）

表 13-4　主厂房和母线洞风量分配

| 序号 | 厂房区域 | 冷负荷/kW | 风量/(m³/h) | 风量来源 | 送风温度/℃ | 排风温度/℃ | 排风去向 |
|---|---|---|---|---|---|---|---|
| ① | 发电机层 | 344.5 | 320 000 | 进厂交通洞、通风兼安全洞 | 19.5 | 22.7 | ②、③、④ |
| ② | 母线层 | 181.5 | 190 000 | 发电机层 | 22.7 | 25.5 | 母线层 |
| ③ | 水轮机层 | 66.9 | 60 000 | 发电机层 | 22.7 | 26.0 | 母线层 |
| ④ | 蜗壳层 | 95.4 | 70 000 | 发电机层 | 22.7 | 26.7 | 母线层 |
| ⑤ | 尾水管层 | — | 5 000 | 蜗壳层 | — | — | 自流排水洞 |
| ⑥ | 油处理室 | — | 5 000 | 蜗壳层 | — | — | 主厂房拱顶 |
| ⑦ | 母线洞 | 860.4 | 310 000 | 母线层 | 26.7 | 35.0 | 主变拱顶 |

表 13-5　主变洞风量分配

| 序号 | 厂房区域 | 冷负荷/kW | 风量/(m³/h) | 风量来源 | 送风温度/℃ | 排风温度/℃ | 排风去向 |
|---|---|---|---|---|---|---|---|
| ① | 主变室(共 6 个) | 508.2 | 180 000 | 进厂交通洞 | 25.5 | 33.8 | 主变拱顶 |
| ② | 高压厂用变(共 3 个) | 122.4 | 50 000 | 进厂交通洞 | 25.5 | 32.7 | 主变拱顶 |
| ③ | SFC 输出变(共 2 个) | 100 | 40 000 | 进厂交通洞 | 25.5 | 32.9 | 主变拱顶 |
| ④ | SFC 输入变(共 2 个) | 100 | 40 000 | 进厂交通洞 | 25.5 | 32.9 | 主变拱顶 |
| ⑤ | 10 kV 高压盘柜室(共 2 个) | 27.8 | 20 000 | 进厂交通洞 | 25.5 | 29.6 | 主变拱顶 |
| ⑥ | 工具间 | — | 2 000 | 进厂交通洞 | — | — | 主变拱顶 |
| ⑦ | 下游 SF6 管线廊道 | — | 282 000 | 进厂交通洞 | — | — | ⑧~⑲ |
| ⑧ | 下游 SF6 管线廊道 | — | 21 000 | ⑦ | — | — | 主变拱顶 |

续表 13-5

| 序号 | 厂房区域 | 冷负荷/kW | 风量/(m³/h) | 风量来源 | 送风温度/℃ | 排风温度/℃ | 排风去向 |
|---|---|---|---|---|---|---|---|
| ⑨ | 电缆室（一） | — | 10 000 | ⑦ | — | — | 主变拱顶 |
| ⑩ | 输出电抗器室（共2个） | 86.6 | 40 000 | ⑦ | 25.5 | 31.9 | 主变拱顶 |
| ⑪ | 电抗器室（共3个） | 132 | 60 000 | ⑦ | 25.5 | 32.0 | 主变拱顶 |
| ⑫ | 电缆室（二） | — | 10 000 | ⑦ | — | — | 主变拱顶 |
| ⑬ | 主变洞低压配电室 | 16.3 | 11 000 | ⑦ | 25.5 | 29.9 | 主变拱顶 |
| ⑭ | 1#SFC 设备室 | 8.5 | 10 000 | ⑦ | 25.5 | 28.0 | 主变拱顶 |
| ⑮ | 主变洞二次盘柜室 | 4.3 | 5 000 | ⑦ | 25.5 | 28.0 | 主变拱顶 |
| ⑯ | 1#SFC 功率柜 | 100 | 40 000 | ⑦ | 25.5 | 32.9 | 主变拱顶 |
| ⑰ | 2#SFC 设备室 | 8.5 | 10 000 | ⑦ | 25.5 | 28.0 | 主变拱顶 |
| ⑱ | 2#SFC 功率柜 | 100 | 40 000 | ⑦ | 25.5 | 32.9 | 主变拱顶 |
| ⑲ | 出线竖井 | — | 45 000 | ⑦ | — | — | 排至厂外 |
| ⑳ | 主变拱顶 | | 569 000 | ①~⑥、⑧~⑱ | | | 排至厂外 |

表 13-6　副厂房风量分配

| 序号 | 所在层 | 厂房区域 | 冷负荷/kW | 风量/(m³/h) | 风量来源 | 排风去向 | 备注 |
|---|---|---|---|---|---|---|---|
| ① | 361.00（尾水管层） | 污水处理室 | — | 8 000 | 送风竖井 | 排风竖井 | |
| ② | 367.00（蜗壳层） | 空压机室 | 70.0 | 20 000 | 送风竖井 | 排风竖井 | 采用空调 |
| ③ | 375.50（水轮机层） | 机修间 | — | 3 000 | 送风竖井 | 排风竖井 | |
| ④ | | 冷冻水机房 | 42.0 | 20 000 | 送风竖井 | 排风竖井 | 采用空调 |

续表 13-6

| 序号 | 所在层 | 厂房区域 | 冷负荷/<br>kW | 风量/<br>(m³/h) | 风量来源 | 排风去向 | 备注 |
|---|---|---|---|---|---|---|---|
| ⑤ | 382.00<br>(母线层) | 工具间 | — | 3 000 | 送风竖井 | 排风竖井 | |
| ⑥ | | 检修变室 | 7.1 | 1 000 | 送风竖井 | 排风竖井 | 采用空调 |
| ⑦ | | 保安变室 | 7.1 | 1 000 | 送风竖井 | 排风竖井 | 采用空调 |
| ⑧ | | 照明变室 | 10.2 | 3 000 | 送风竖井 | 排风竖井 | 采用空调 |
| ⑨ | | 公用变室 | 38.1 | 4 000 | 送风竖井 | 排风竖井 | 采用空调 |
| ⑩ | 388.50<br>(发电机层) | 卫生间 | — | 1 600 | 送风竖井 | 排风竖井 | |
| ⑪ | | 检修盘室 | 1.2 | 1 000 | 送风竖井 | 排风竖井 | 采用空调 |
| ⑫ | | 保安盘室 | 1.6 | 1 000 | 送风竖井 | 排风竖井 | 采用空调 |
| ⑬ | | 照明盘室 | 3.2 | 3 000 | 送风竖井 | 排风竖井 | 采用空调 |
| ⑭ | | 公用盘室 | 6.4 | 4 000 | 送风竖井 | 排风竖井 | 采用空调 |
| ⑮ | 392.80 | 办公室 | 4.9 | 1 000 | 送风竖井 | 排风竖井 | 采用空调 |
| ⑯ | | 气瓶室 | — | 2 000 | 送风竖井 | 排风竖井 | |
| ⑰ | | 操作票室 | 3.9 | 1 000 | 送风竖井 | 排风竖井 | 采用空调 |
| ⑱ | | 控制室 | 10.8 | 4 000 | 送风竖井 | 排风竖井 | 采用空调 |
| ⑲ | | 办公室 | 9.3 | 1 000 | 送风竖井 | 排风竖井 | 采用空调 |
| ⑳ | 397.30 | 卫生间 | — | 1 600 | 送风竖井 | 排风竖井 | |
| ㉑ | | 会议室 | 14.4 | 1 000 | 送风竖井 | 排风竖井 | 采用空调 |
| ㉒ | | 电缆夹层 | 30.0 | 2 700 | 送风竖井 | 排风竖井 | 采用空调 |
| ㉓ | 401.80 | 工具间 | — | 1 000 | 送风竖井 | 排风竖井 | |
| ㉔ | | 蓄电室(一) | 8.0 | 1 500 | 送风竖井 | 排风竖井 | 采用空调 |
| ㉕ | | 蓄电室(二) | 8.0 | 1 700 | 送风竖井 | 排风竖井 | 采用空调 |
| ㉖ | | 二次盘室 | 15 | 3 000 | 送风竖井 | 排风竖井 | 采用空调 |

## 13.4.3　防火、防排烟设计

### 13.4.3.1　通风空调系统防火设计

(1)全厂通风空调系统均通过进风通道直接从室外进风,流经通风空调区域后由排风机排出室外,满足"从火灾危险性小的场所流向火灾危险性大的场所"的设计原则。

（2）全厂大型通风空调机组均布置在单独的机房内，通风空调系统新风口设置远离排风和排烟出口。

（3）蓄电池室设有专用独立的机械排风系统。

重点采取以下各项防火措施：①室内空气不循环，保持室内负压；②通风机与其电动机均采用防爆型；③利用防火风口自然进风；④通风机设有接地装置以消除静电等。

（4）油罐室、油处理室设有专用独立的机械排风系统。

重点采取了以下各项防火措施：①室内空气不循环，保持室内负压；②通风机与其电动机均为防爆型；③利用防火风口自然进风；④通风机设有接地装置以消除静电等。

（5）其他防火设计措施。

①通风空调系统风管穿越防火墙、楼板时，在穿越处设置防火阀。穿越防火墙两侧各2 m范围内的风管采用不燃烧材料保温，穿越处风管周边空隙均采用不燃烧材料填塞封堵。

②所有通风空调系统送、排风总管穿过机房，以及风管穿越重要的或火灾危险性大的房间隔墙、楼板处，在风管上设置防火阀。

③当几个排风系统的排风口合用一个总排风道时，各个排风系统在总排风道连接处设有止回阀等防空气回流措施。

④通风空调管采用不燃型材料制作，其保温、消声材料以及其黏接剂采用不燃烧或难燃烧材料，风管柔性接头采用难燃烧材料制作。另外，蓄电池室通风设备还能够满足防酸要求。

⑤防火阀易熔片及其他控制元件动作时，能顺气流方向自行严密关闭；防火阀单独设有支吊架；选用电动/熔断型防火阀，电动防火阀设置有输出信号功能，防火阀动作和状态信号可反馈至控制中心进行监控，并能在火灾后远控复位。

⑥所有通风空调管及管材、密封门等，均选用国家现行标准产品。具有防火、阻燃及密封、保温性能。所有防火风口、防火阀、排烟阀，必须是符合消防产品市场准入规则的产品。

### 13.4.3.2　防烟系统

在主要通风空调系统的通风机、组合式空调机组进风口处均设电动风阀。通风机、组合式空调机组停止运行后自动关闭所有风阀，防止通风管道产生的自然排风作用而引起烟气扩散。

对地下副厂房垂直疏散通道（楼梯间及合用前室）设置了加压送风系统。

### 13.4.3.3　排烟系统

在发电机层及主变搬运廊道分别设置独立的机械排烟系统。排烟阀平时常闭，火灾发生时，消防控制中心遥控打开排烟阀，同时启动消防高温排烟风机进行机械排烟。发电机层排烟量按一台发电机段地面面积不小于120 m³/hm²确定。主变搬运廊道排烟量按一台机组段长度的搬运廊道地面面积不小于120 m³/hm²确定。

地下副厂房超过20 m的内走廊设置机械排烟系统。各层经排烟竖井实现火灾排烟，火灾时消防控制中心遥控打开风管排烟阀，同时联动消防高温排烟风机将高温烟气排至洞外，此外联动开启补风机，通过送风竖井对走廊进行补风。

#### 13.4.3.4　采暖系统防火设计

在所有工作场所均不使用明火或敞开式电加热器供暖。

#### 13.4.3.5　消声减振设计

地下厂房噪声主要来自发电机机械噪声。通风系统的主要设备均采用低转速、低噪声型通风机及电动机。通风机房围护结构做消声处理,机房门采用隔声密闭门。有工艺要求的房间,采用消声弯头、消声变径以及复合消声型风管、消声风口等削弱气流噪声的传播和影响。

主要采取以下措施减弱设备对周围环境的振动影响:对通风机、组合式空调机组、水泵等转动设备,整体采用隔振台座或设备与基础间选用隔振器(垫);管道与设备之间采用柔性接头;每隔一定距离设置管道隔振吊架或隔振支撑。

# 13.5　通风空调系统设计及设备布置

## 13.5.1　地下厂房空调冷源

空调冷源选用 3 台制冷量为 909.0 kW 的电制冷机组,冷冻水供回水温度为 7 ℃/12 ℃,冷却水由水机专业技术供水系统提供,水温按不高于 33 ℃计算。

## 13.5.2　地下厂房空调水系统设计

#### 13.5.2.1　冷却水系统

冷却水由水机专业技术供水系统提供,水温按不高于 33 ℃选取,该水温可满足螺杆式冷水机组冷却水要求,冷却水回水排至尾水管。

#### 13.5.2.2　冷冻水系统

冷冻水系统采用变流量一级泵(冷水机组定流量)闭式系统,冷冻水由制冷机组至空气处理机组,经空气处理机组升温后由 4 台冷冻水泵(三用一备)送回制冷机组,由制冷机组降温后完成一个循环,冷冻水系统采用膨胀水箱定压。

#### 13.5.2.3　设备布置

冷水机组、冷冻水泵、冷却水泵等设备均布置在副厂房空调冷冻机房内,膨胀水箱布置在副厂房拱顶处。地下厂房水系统如图 13-2 所示。

## 13.5.3　主厂房通风空调系统

根据热湿负荷特征,主厂房发电机层和母线层以通风排热为主,水轮机层及蜗壳层以通风除湿为主。发电机层采用拱顶送风形式,通过设置于主厂房拱顶两端空调机房内送风量为 80 000 m³/h 的 4 台组合式空调机组对室外新风进行集中过滤、冷却除湿等处理后向发电机层均匀送风。左右侧送风系统可以分期投运,满足电站初期发电投运和以后分期使用的需求。

母线层是电气设备发热量较集中的部位,进风主要来自发电机层,在上游侧墙上设置风量为 7 890 m³/h 的低噪声轴流风机 12 台,在下游侧墙上设置风量为 7 890 m³/h 的低

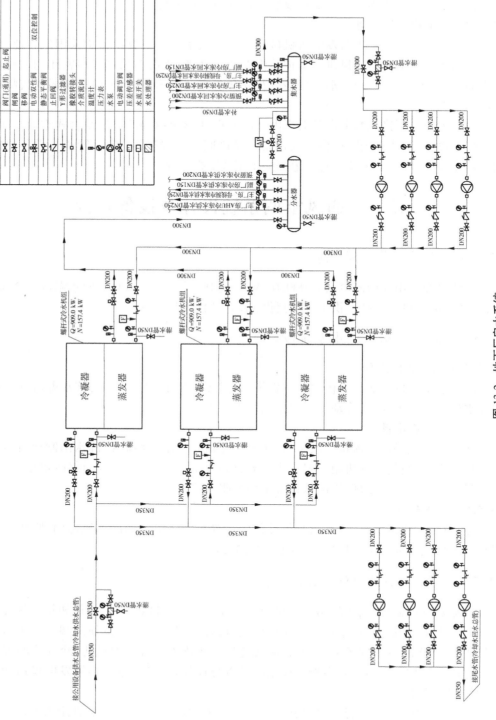

图 13-2 地下厂房水系统

噪声轴流风机 12 台,每 2 台一组,轴流风机横向送风,使该层气流均匀,带走设备发热量,除此之外,在母线层另外设置有 6 台风量为 6 000 m³/h 的水冷柜式空调器,做循环冷却,以保证该层环境温度。母线层作为主厂房与母线洞相连的唯一通道,还接收来自水轮机层和蜗壳层的排风,同本层通风量一起排至母线洞,一方面作为主厂房各层的排风通道;另一方面也可以利用温度较低的排风,消除母线洞部分设备发热量。

水轮机层进风取自发电机层,在水轮机下游侧墙上设置风量为 6 170 m³/h 的低噪声轴流风机 12 台;水轮机层排风排至母线层,在水轮机上游侧墙上设置风量为 6 170 m³/h 的低噪声轴流风机 12 台,排风最终经母线层排至母线洞。此外,为保证环境温度,在水轮机层设置有 6 台风量为 6 000 m³/h 的水冷柜式空调器,做循环冷却。为消除本层剩余余湿量,在本层设置有 6 台除湿量为 15 kg/h 的除湿机。

蜗壳层进风取自发电机层,在蜗壳层下游侧墙上设置风量为 6 170 m³/h 的低噪声轴流风机 12 台;蜗壳层排风排至母线层,在蜗壳上游侧墙上设置风量为 6 170 m³/h 的低噪声轴流风机 12 台,排风最终经母线层排至母线洞。此外,做循环冷却,在蜗壳层设置有 6 台风量为 6 000 m³/h 的水冷柜式空调器。为消除本层剩余余湿量,在本层设置有 6 台除湿量为 15 kg/h 的除湿机。

为保证蜗壳层、水轮机层、母线层发生事故后排风,在母线层上游侧设置风量为 59 300 m³/h 事故后排风风机,在每个机组段上游侧墙内设置排风风管,并与母线层排风干管相连,每个排风口设置 70 ℃ 常闭防火阀,火灾发生后打开相应火灾机组段的防火阀和母线层的排风机进行事故后排风。

## 13.5.4　母线洞通风空调系统

母线洞集中布置了离相封闭母线和其他变配电设备,是地下厂房内发热量较大且集中的区域。作为与主厂房联通的通道,母线洞可充分利用空气质量较好的主厂房回风作为进风,既可以减少主厂房排风量,又可以减少冷量的损失。从母线层引入较低温度的进风吸收设备发热量后经设置在主变洞拱顶的排风机,排至通风兼安全洞。另外,为保证在发热量较大时,洞内环境温度满足设计运行条件,在每条母线洞内另外设置 3 台风量为 8 000 m³/h 的水冷柜式空调器,可根据运行情况完全消除母线洞余热。

## 13.5.5　副厂房通风空调系统

地下副厂房为封闭空间,主要采用立式空调柜送风、机械排风的通风方式排除房间产生的余热和余湿,增强通风换气,提高室内空气品质,改善运行管理人员的生产和工作条件。

对副厂房的污水处理室、空压机室、冷冻机房、变压器房、电缆层、配电盘室、监控设备室、蓄电池室,夏季工况下,采用全新风工况,通过设置在各层的柜式空调器,从副厂房送风竖井引风,对房间进行集中送风;过渡季节或冬季工况下,柜式空调器作为送风机使用,将新风送至各个房间,吸收余热余湿后,经过副厂房排风竖井排至副厂房拱顶,最后通过通风兼安全洞排至厂外,排风机为满足夏季工况和冬季工况,采用双速风机,副厂房总排风量为 95 100 m³/h。

### 13.5.6 主变洞通风空调系统

主变洞是全厂电气设备最为集中的场所,除常规的主变压器、厂用变压器、电抗器、电缆外,还布置有抽水蓄能电站特有的静态变频抽水启动装置(简称 SFC),该套装置包括 SFC 变压器、电抗器和 SFC 柜等。

根据主变洞热湿负荷的特点采用以机械通风为主、局部设空调为辅的方式,总通风量为 614 000 m³/h,新风由进厂交通洞引入,新风经过主变搬运廊道送至主变洞各个房间,其中 45 000 m³/h 风量经 GIS 廊道进入 500 kV 出线洞排出厂外,其余风量与主变室、高压厂用变、10 kV 高压盘柜室、限流电抗器室、输出电抗器室、SFC 设备室、SFC 功率柜室等房间热交换后,通过各自排风机排至主变拱顶排风风道,排至厂外。

对于对温湿度要求较高的房间,结合多联机系统满足人员操作和设备正常运行的要求。

### 13.5.7 电缆出线洞通风系统

电缆出线洞设平时机械通风系统兼作事故后排风,排出电缆发热,进风取自主变洞 GIS 廊道,排风机设于出线竖井顶部,由于围护结构传热面积较大,夏季具有明显吸热作用,电缆发热被围护结构吸收。按照排除余热计算和 6 次/h 换气次数要求取最大值,在电缆竖井顶部处设置排风机房,排至室外,兼作事故后排风。

### 13.5.8 排水廊道、自流排水洞通风系统

上层排水廊道从通风兼安全洞引风,设置 2 台风量为 23 117 m³/h 的轴流风机排至主变排风洞。中层排水廊道从进厂交通洞引风,排风至下层排水廊道,在中层与进厂交通洞连接处设置两台风量为 15 026 m³/h 的轴流风机。下层排水廊道引风自中层排水廊道,设置 2 台风量为 15 026 m³/h 轴流风机排至自流排水洞。

### 13.5.9 地下厂房全厂排风系统

在通风兼安全洞洞口处设排风机房,设置有全厂排风机,在排风机的入口处设置有组合式风阀和消声器等附件,排风机承担地下厂房大部分排风。

### 13.5.10 地面建筑物通风空调系统设计

#### 13.5.10.1 地面 GIS 楼

GIS 楼从室外自然进风,通过侧墙安装的轴流风机排风,风机设在外墙的上部和中部。

GIS 楼下部电缆夹层从室外自然进风,通过侧墙上部的轴流风机排至室外,以除去室内多余热量。

柴油发电机室及储油间采用自然进风、机械排风的通风方式,排风机采用防爆型,以消除室内设备散热量。

### 13.5.10.2　地面中控楼

地下电缆室采用自然进风、机械排风的通风方式,由外墙百叶和进风井自然进风,由排风机和排风竖井排风,平时运行通风换气,火灾时关闭。

地面辅助用房、变压器室、变配电室、蓄电池室等设置机械排风,在走廊隔墙处设置防火风口作为自然进风口,平时常开,火灾时关闭。排风机入口处设有防火阀,防火阀常开,气体灭火时关闭,气体灭火后开启风机并连锁相应防火阀进行事故后排风,其排风机的手动控制装置应在室内外便于操作的地点分别设置。

办公室、会议室、中控室等房间采用分体式空调,以满足人员冬季采暖和夏季制冷的需求。

卫生间设置有排风扇排至排风竖井,由外墙百叶排至室外,排风量按照换气次数不小于 10 次/h 计算,门窗自然进风。

### 13.5.10.3　上下水库管理用房

上下水库管理用房设备间采取自然进风、机械排风的通风方式,分别利用侧墙设置的轴流风机排出室内热量,管理用房办公室等人员停留时间较长的房间设置多联机空调机组。

上水库启闭机房、下水库启闭机房、尾水闸门启闭机房采用自然进风、机械排风的通风方式。

### 13.5.10.4　业主营地

业主营地主要包括宿舍楼、办公室楼、食堂等建筑,为满足人员日常工作生活需要设置多联机空调机组。

变电站试验楼、消防站业主及辅助用房采用分体式空调机组,满足人员工作和操作需要。

# 参考文献

［1］《地下建筑暖通空调设计手册》编写组. 地下建筑暖通空调设计手册［M］. 北京:中国建筑工业出版社,1983.

［2］陆耀庆. 实用供热空调设计手册［M］. 2版. 北京:中国建筑工业出版社,2008.

［3］刘亚男,肖益民. 地下建筑热压通风多态性探究［M］. 北京:中国建筑工业出版社,2022.

［4］中华人民共和国卫生部. 地下建筑氡及其子体控制标准:GBZ 116—2002［S］. 北京:法律出版社,2004.

［5］马最良,姚杨. 民用建筑空调设计［M］. 北京:化学工业出版社,2003.

［6］中华人民共和国工业和信息化部,信息产业部第十一设计研究院科技工程股份有限公司,等. 洁净厂房设计规范:GB 50073—2013［S］. 北京:中国计划出版社,2013.